建筑工人职业技能培训教材

安装工程系列

中小型建筑机械操作工

《建筑工人职业技能培训教材》编委会 编

中国建材工业出版社

图书在版编目(CIP)数据

中小型建筑机械操作工 /《建筑工人职业技能培训
教材》编委会编. —— 北京:中国建材工业出版社,
2016.9(2018.1 重印)
建筑工人职业技能培训教材
ISBN 978-7-5160-1549-0

Ⅰ. ①中… Ⅱ. ①建… Ⅲ. ①建筑机械－操作－技术
培训－教材 Ⅳ. ①TU607

中国版本图书馆 CIP 数据核字(2016)第 145305 号

中小型建筑机械操作工
《建筑工人职业技能培训教材》编委会 编
出版发行:中国建材工业出版社
地　　址:北京市海淀区三里河路 1 号
邮　　编:100044
经　　销:全国各地新华书店
印　　刷:北京雁林吉兆印刷有限公司
开　　本:850mm×1168mm 1/32
印　　张:8
字　　数:170 千字
版　　次:2016 年 9 月第 1 版
印　　次:2018 年 1 月第 2 次
定　　价:24.00 元

本社网址:www.jccbs.com　微信公众号:zgjcgycbs
本书如出现印装质量问题,由我社市场营销部负责调换。电话:(010)88386906

《建筑工人职业技能培训教材》

编审委员会

主编单位:中国工程建设标准化协会建筑施工专业委员会

黑龙江省建设教育协会

新疆建设教育协会

参编单位:"金鲁班"应用平台

《建筑工人》杂志社

重庆市职工职业培训学校

北京万方建知教育科技有限公司

主　审:吴松勤　葛恒岳

编写委员:宋道霞　刘鹏华　高建辉　王洪洋　谷明岂

王　锋　郑立波　刘福利　丛培源　肖明武

欧应辉　黄财杰　孟东辉　曾　方　滕　虎

梁泰臣　崔　铮　刘兴宇　姚亚亚　申林虎

白志忠　温丽丹　蔡芳芳　庞灵玲　李思远

曹　烁　李程程　付海燕　李达宁　齐丽香

前　言

《中华人民共和国就业促进法》、国务院《关于加快发展现代职业教育的决定》[国发(2014)19号]、住房和城乡建设部《关于印发建筑业农民工技能培训示范工程实施意见的通知》[建人(2008)109号]、住房和城乡建设部《关于加强建筑工人职业培训工作的指导意见》[建人(2015)43号]、住房和城乡建设部办公厅《关于建筑工人职业培训合格证有关事项的通知》[建办人(2015)34号]等相关文件,对全面提高工人职业操作技能水平,以保证工程质量和安全生产做出了明确的要求。

根据住房和城乡建设部就加强建筑工人职业培训工作,做出的"到2020年,实现全行业建筑工人全员培训、持证上岗"具体规定,为更好地贯彻落实国家及行业主管部门相关文件精神和要求,全面做好建筑工人职业技能教育培训,由中国工程建设标准化协会建筑施工专业委员会、黑龙江省建设教育协会、新疆建设教育协会会同相关施工企业、培训单位等,组织了由建设行业专家学者、培训讲师、一线工程技术人员及具有丰富施工操作经验的工人和技师等组成的编审委员会,编写这套《建筑工人职业技能培训教材》。

本套丛书主要依据住房和城乡建设部、人力资源和社会保障部发布的《职业技能岗位鉴定规范》《中华人民共和国职业分类大典(2015年版)》《建筑工程施工职业技能标准》《建筑装饰装修职业技能标准》《建筑工程安装职业技能标准》等标准要求,以实现全面提高建设领域职工队伍整体素质,加快培养具有熟练操作技能的技术工人,尤其是加快提高建筑业农民工职业技能水平,保证建筑工程质量和安全,促进广大农民工就业为目标,重点抓住建筑工人现场施工操作技能和安全为核心进行编制,"量身订制"打造了一套适合不同文化层次的技术工人和读者需要的技能培训教材。

本套教材系统、全面地介绍了各工种相关专业基础知识、操作技能、安全知识等,同时涵盖了先进、成熟、实用的建筑工程施工技术,还包括了现代新材料、新技术、新工艺和环境、职业健康安全、节能环保等方面的知识,力求做到了技术内容最新、最实用,文字通俗易懂,语言生动简洁,辅以大量直观的图表,非常适合不同层次水平、不同年龄的建筑工人职业技能培训和实际施工操作应用。

丛书共包括了"建筑工程"、"建筑装饰装修工程"、"安装工程"3大系列以及《建筑工人现场施工安全读本》,共25个分册:

一、"建筑工程"系列,包括8个分册,分别是:《砌筑工》《钢筋工》《架子工》《混凝土工》《模板工》《防水工》《木工》和《测量放线工》。

二、"建筑装饰装修工程"系列,包括8个分册,分别是:《抹灰工》《油漆工》《镶贴工》《涂裱工》《装饰装修木工》《幕墙安装工》《幕墙制作工》和《金属工》。

三、"安装工程"系列,包括8个分册,分别是:《通风工》《安装起重工》《安装钳工》《电气设备安装调试工》《管道工》《建筑电工》《中小型建筑机械操作工》和《电焊工》。

本书根据"中小型建筑机械操作工"工种职业操作技能,结合在建筑工程中实际的应用,针对建筑工程施工材料、机具、施工工艺、质量要求、安全操作技术等做了具体、详细的阐述。本书内容包括投影与视图,机械设备装配图识读,机械传动原理,机械零、部件拆卸,机械零、部件清洗,机械零、部件装配,混凝土机械,钢筋机械,木工机械,装饰装修机械,中小型起重机械,其他机械,中小型建筑机械操作工岗位安全常识,相关法律法规及务工常识。

本书对于加强建筑工人培训工作,全面提升建筑工人操作技能水平具有很好的应用价值和极大的帮助,不仅极大地提高工人操作技能水平和职业安全水平,更对保证建筑工程施工质量,促进建筑安装工程施工新技术、新工艺、新材料的推广与应用都有很好的推动作用。

由于时间限制,以及编者水平有限,本书难免有疏漏和谬误之处,欢迎广大读者批评指正,以便本丛书再版时修订。

编　者
2016 年 9 月　北京

中国建材工业出版社
China Building Materials Press

我们提供

图书出版、图书广告宣传、企业/个人定向出版、设计业务、企业内刊等外包、代选代购图书、团体用书、会议、培训，其他深度合作等优质高效服务。

编 辑 部
010-88386119

出版咨询
010-68343948

市场销售
010-68001605

门市销售
010-88386906

邮箱：jccbs-zbs@163.com　　网址：www.jccbs.com

发展出版传媒　服务经济建设

传播科技进步　满足社会需求

目录 CONTENTS

第1部分　中小型建筑机械操作工岗位基础知识

一、投影与视图

用灯光或其他光照射物体，在地面上或墙面上便会产生影子，这种现象叫做投影。见图 1-1 中，S 为投影中心，A 为空间点，平面 P 为投影面，S 与 A 点的连线为投射线，SA 的延长线与平面 P 的交点 α，称为 A 点在平面 P 上的投影，这种方法叫做投影法。

1. 正投影

用一组平行射线，把物体的轮廓、结构、形状投影到与射线垂直的平面上，这种方法就叫正投影。见图 1-2。

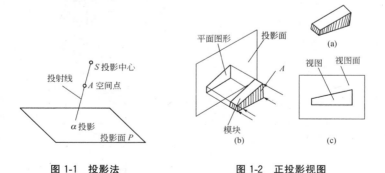

图 1-1　投影法

图 1-2　正投影视图

（a）模块；（b）模块正面投影；（c）正投影视图

2. 两面视图

两面视图的例子见图 1-3。该物体形状比较简单,但用一面视图不能全部表述它的形状和尺寸,因此,必须用两面视图来表示。按主视方向在正面投影所获得的平面图形叫主视图,在左侧方向投影所获得的平面图形叫左视图。为了将两视图构成一个平面,按标准规定,正面不动,左侧面转 90°,这样构成了一个完整的两面视图。从两面视图中,可以清楚地看出,主视图表示了物体的长度和高度,左视图表示了物体的高度和宽度。

3. 三面视图

对于比较复杂的物体,两面视图不能全部反映物体的形状和尺寸,还需要增加一面视图,这就是由三个相互垂直的投影面构成的投影体系所获得的三面视图。俯视方向在水平面投影所获得的平面图形叫俯视图。见图 1-4。

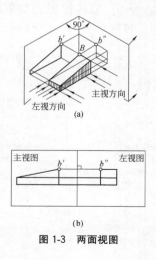

图 1-3 两面视图

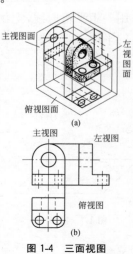

图 1-4 三面视图

4. 多面视图

一般的物体用三面视图即可表明其形状和尺寸,但在实际工作中,特别是机械零件的结构是多种多样的,有的用三面视图还不能正确、完整、清晰地表达清楚,因此,国家标准规定了基本视图。视图的表示方法见图1-5,就是采用了正六面体的六个面的基本投影面,分前、后、左、右、上、下六个方向,分别向六个基本投影面做正投影,从而得到六个基本视图。六个视图之间仍保持着与三面视图相同的联系规律,即主、俯、仰、后"长对正",主、左、右、后"高平齐",俯、左、右、仰"宽相等"的规律。

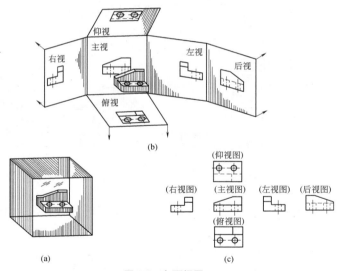

图 1-5 多面视图

5. 剖视图

(1)剖视图的定义。

许多机械零件中具有不同形状的空腔部位,因此,在识图中会看到许多虚线,使内外形状重叠,虚、实线交错,影响视图的清晰,给识图造成一定的困难。为此,国家标准中采用了剖视图的方法,来清晰表示零件的形状和尺寸。

剖视图就是假想用一剖切平面,在适当部位把机械零件切开,移去前半部分,将余下部分按正投影的方法,得到的视图,叫剖视图,见图1-6。

(2)识图中常见的剖视图。

①全剖视。把机械零件整个地剖开后得到的视图,一般用于外形简单和不对称的零件。

②半剖视。对称的部件一般采用半剖视的方法,只剖一半,另一半的外形用对称线作为剖切线的分界线。见图1-7。

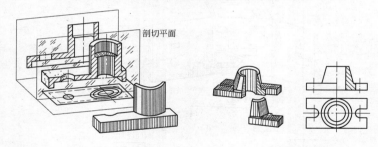

图1-6　剖视图　　　　　　　　图1-7　半剖视图

③局部剖视。对机械零件某一部分进行剖视,一般用波浪线作为分界线。见图1-8。

局部剖视有时还用来表示内外结构不对称的零件。

④阶梯剖视。机械零件内部结构层次较多,用几个互相平行的剖切平面而得到的视图,叫阶梯剖视。见图1-9。

⑤旋转剖视。将机械零件用两个相交的剖切平面剖开后,把其中一个(倾斜的)剖切平面,旋转到另一个剖切平面平行的

位置后,得到的视图,见图 1-10。

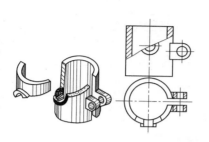

图 1-8 局部剖视图

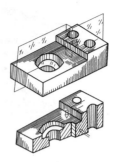

图 1-9 阶梯剖视图

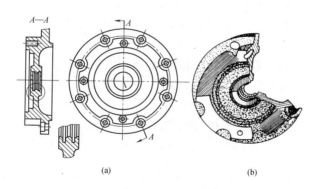

(a)

(b)

图 1-10 旋转剖视

(a)剖视图;(b)剖切位置

(3)剖视图的标记。

①一般用带字母的剖切符号及箭头标记剖切位置及剖视方向,并在剖视图上方注明标记,见图 1-11。

②当剖切后,视图按正常位置关系配置,中间没有其他视图隔开,箭头可省略。

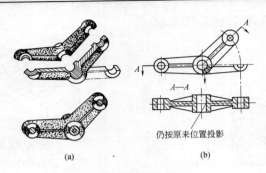

(a)　　　　　　　　　　(b)

仍按原来位置投影

图 1-11　剖视图的标记

(a)剖切位置；(b)剖视图

　　③剖切平面与机件的对称平面重合,且按正常视图关系配置,中间没有其他视图隔开时,剖切平面连线位置不必进行标记。

　　④剖切位置明显的局部视图,可不做标记。

　　(4)剖面图。

　　剖面图与剖视图是有区别的,在识图中可以注意到,剖面图要画出被剖切面的形状,而剖视图不仅要画出被剖切断面的形状,还要画出剖切断面后其余部分的形状。见图 1-12。

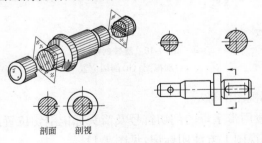

剖面　　剖视

图 1-12　剖面与剖视

二、机械设备装配图识读

表达部件或机器这类产品及其组成部分的连接、装配关系的图样称为装配图。

1. 装配图的主要内容

一张装配图要表示部件的工作原理、结构特点以及装配关系等,需要有如下内容:一组视图、一组尺寸、技术要求、零件编号、明细栏和标题栏。

(1)装配图的规定画法。

①相邻零件的接触表面和配合表面只画一条粗实线,不接触表面和非配合表面应画两条粗实线。

②两个(或两个以上)金属零件相互邻接时,剖面线的倾斜方向应当相反,或者以不同间隔画出。

③同一零件在各视图中的剖面线方向和间隔必须一致。

④当剖切平面通过螺钉、螺母、垫圈等标准件及实心件(如轴、键、销等)基本轴线时,这些零件均按不剖绘制,当其上孔、槽需要表达时,可采用局部剖视。当剖切平面垂直于这些零件的轴线时,则应画剖面线。

(2)装配图的尺寸标注。

装配图一般应标注下列几方面的内容:

①特性、规格尺寸:表明部件的性能或规格的尺寸。

②配合尺寸:表示零件间配合性质的尺寸。

③安装尺寸:将零件安装到其他部件或基座上所需要的尺寸。

④外形尺寸:表示部件的总长、总宽和总高的尺寸(装配图的外形轮廓尺寸)。

⑤相对位置尺寸：表示装配图中零件或部件之间的相对位置。

⑥主要尺寸：部件中的一些重要尺寸，如滑动轴承的中心高度等。

(3)明细栏。

明细栏是部件的全部零件目录，将零件的编号、名称、材料、数量等填写在表格内，明细表格及内容可由各单位具体规定，明细表栏应紧靠在标题栏的上方，由下向上顺序填写零件编号。

(4)画装配图的步骤。

以图1-13为例说明画装配图的方法和步骤。

①对所表达的部件进行分析。画装配图之前，必须对所表达的部件的功用、工作原理、结构特点、零件之间的装配关系及技术条件等进行分析、了解，以便着手考虑视图表达方案。

②确定表达方案。对所画的部件有清楚的了解之后，就要运用视图选择原则，确定表达方案。本例采用全剖视作为主视图，而在俯视图上采用了局部剖视，另加了A向局部视图(A向视图是指在标注地方的箭头方向看过去)。

③作图步骤。确定了表达方案，即可开始画装配图。作图步骤如下：

a. 根据部件大小、视图数量，决定图的比例以及图纸幅面。画出图框并定出标题栏、明细栏的位置。

b. 画各视图的主要基线，例如主要的中心线、对称线或主要端面的轮廓线等。确定主要基线时，各视图之间要留有适当的间隔，并注意留出标注尺寸、编号位置等，见图1-13(a)。

c. 画主体零件(泵体)。一般从主视图开始，几个基本视图配合进行画图，见图1-13(a)。

d. 按装配关系，逐个画出主要装配线上的零件的轮廓。例

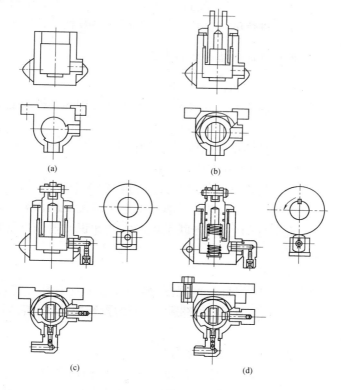

图 1-13　画装配图的方法和步骤

(a)画主体零件;(b)画零件轮廓;(c)A 向视图及零件;(d)画其他零件

如柱泵中的柱塞套、垫片及柱塞等,见图 1-13(b)。

　　e.依次画出其他装配线上的零件,如小轴、小轮及进、出口单向阀等,并画出 A 向视图,见图 1-13(c)。

　　f.画其他零件及细节,如弹簧、开口销及倒角、退刀槽等,见图 1-13(d)。

g. 经过检查以后描深、画剖面线、标注尺寸及公差配合等。

h. 对零件进行编号、填写明细栏、标题栏及技术条件等。

2. 装配图的识读方法和步骤

(1)识读装配图的主要要求。

①了解机器或部件的名称、结构、工作原理和零件间的装配关系；

②了解零件的主要结构形状和作用。

(2)识读装配图的方法和步骤。

①初步了解部件的作用及其组成零件的名称和位置。

看装配图时，首先概括了解一下整个装配图的内容。从标题栏了解此部件的名称，再联系生产实践知识知道该部件的大致用途。

②表达分析。

根据图样上的视图、剖视图、剖面图等的配置和标注，找出投影方向、剖切位置，搞清各图形之间的投影关系以及它们所表示的主要内容。

③工作原理和装配关系分析。

这是深入阅读装配图的重要阶段，要搞清部件的传动、支承、调整、润滑、密封等结构形式。弄清各个相关零件间的接触面、配合面的连接方式和装配关系，并利用图上所注的公差或配合代号，进一步了解零件的配合性质。

④综合考虑，归纳小结。

对装配图进行上述各项分析后，一般对该部件已有一定的了解，但还可能不够完全、透彻。为了加深对装配图的全面认识，还需要从安装、使用等方面综合进行考虑。

a. 部件的组成和工作原理以及在结构上如何保证达到

要求。

b. 部件上和各个零件的装拆。

上述看装配图的方法和步骤仅是一个概括的说明,实际上看装配图的几个步骤往往是交替进行的。只有通过不断实践,才能掌握看图的规律,提高看图的能力。

三、机械传动原理

1. 皮带传动

皮带传动是在两个或多个带轮之间作为挠性拉曳元件的一种摩擦传动,常用于中心距较大的动力传动。带的削面形状有长方形、梯形和圆形三种,分别称为平形带、三角带和圆形带,此外还有多楔带和同步齿形带,见图 1-14。平形带、三角带应用最广。在同样初拉力下三角带,摩擦力是平行带传动的 3 倍左右。平行带适用于两轴中心距离较大的传动,且可用于两垂直轴间传递力矩,圆形带只能传递很小的功率。

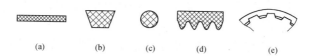

(a)　　(b)　　(c)　　(d)　　(e)

图 1-14　带的种类
(a)平形带;(b)三角带;(c)圆形带;(d)多楔带;(e)同步齿形带

(1)三角带传动的技术要求。

①皮带轮的装配要正确,其端面和径向跳动应符合技术文件要求。两轮的轮宽中央平面应在同一平面上。

②皮带轮工作表面的粗糙度要适当。皮带轮表面光滑则皮带容易打滑;表面粗糙,皮带工作时容易发热磨损。皮带的张紧

力大小要适当。

③三角带传动的包角一般不小于 120°，个别情况下可到 70°。

（2）皮带传动的装配。

①皮带轮与轴的装配具有少量的过盈或间隙，对于有少量过盈的配合，可用手锤或压力机装配。装配后，两轮的轮宽中央平面应在同一平面上。其偏移值：三角带轮不应超过 1mm；平行带轮不应超过 1.5mm。

②三角带装配时，先将皮带套在小皮带轮上，然后转动大皮带轮，用适当的工具将皮带拨入大皮带轮槽中。三角带与皮带轮槽侧面应密切贴合，各皮带的松紧程度应一致。平行带装在皮带轮上时，其工作面应向内，平行带截面上各部分张紧力应均匀。

③皮带张紧力的调整：皮带张紧力的大小是保证皮带正常传动的重要因素。张紧力过小，皮带容易打滑；过大胶带寿命低，轴和轴承受力大。合适的张紧力可根据以下经验判断。

a. 用大拇指在三角皮带切边的中间处，能将三角带按下 15mm 左右即可。

b. 通过带与两带轮的切边中点处垂直带边加一载荷 T，见图 1-15，使产生合适的张紧力所对应的挠度值 y，其计算公式：

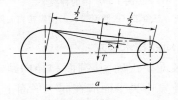

图 1-15　检验传动带预紧力加载示意图

$$y = a/50$$

式中　　y——三角皮带挠度值，mm；

　　　　a——两皮轮中心距，mm。

　　调整张紧力的方法较多，常用的有改变皮带轮中心距；采用张紧轮装置（张紧轮一般应放在松边外侧，并靠近小皮带轮处，以增大其包角）；改变皮带长度（安装皮带时，使皮带周长稍小于皮带安装长度，皮带接好套上皮带轮之后，可使皮带产生一定初拉力）。

2. 链传动

　　链传动是在两个或多于两个链轮之间用链作为挠性拉曳元件的一种啮合传动。链传动具有效率高、传动轴间距离大、传动尺寸紧凑和没有滑动等优点。

　　（1）链传动分类。

　　按照工作性质的不同，链有传动链、起重链和曳引链三种。其中传动链有套筒链、套筒滚子链、齿形链和成形链。

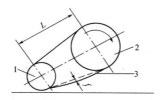

图 1-16　传动链条弛垂度

1—从动轮；2—主动轮；3—从动边链条

　　（2）链传动装置技术要求。

　　装配前应清洁干净。主动链轮与被动链轮齿中心线应重合，其偏差不得大于两轮中心距的 0.2%。链条工作边拉紧时，

非工作边的弛垂度 f 应符合设计规定,见图 1-16。当无规定且链条与水平线夹角 α 小于 60°时,可按两链轮中心距 L 的 1‰～4.5‰调整,如从动边在上面,弛垂度宜取低值。

3. 齿轮传动

齿轮传动是靠齿轮间的啮合来传递运动和扭矩。按一对齿轮的相对运动,齿轮传动机构分为平面齿轮机构和空间齿轮机构两大类。

一对齿轮传动时,为了考虑到齿轮制造和装配时有误差以及齿轮工作时会发生变形和发热膨胀,同时又为了便于润滑起见,所以应使轮齿不受力的一侧齿廓间留有一些间隙(这空隙可沿两轮的节圆上来测量),称为齿侧间隙,它等于一轮节圆上的齿槽宽与另一轮节圆上的齿厚之差。这间隙可沿齿廓的公法线方向来测量,称为法向齿侧间隙。由于齿轮的齿侧间隙是在规定齿轮公差时予以考虑的,所以设计齿轮时仍假定没有齿侧间隙存在。

4. 液压传动

液体作为工作介质进行能量的传递,称为液体传动。其工作原理的不同,又可分为容积式液体和动力式液体两大类。前者是以液体的压力能进行工作,后者是以液体的动能进行工作。通常将前者称为液压传动,后者称为液力传动。

(1)液压传动的基本工作原理。

见图 1-17 为机床液压系统图,电动机带动液压泵 1 从油箱 7 中通过滤油器 6 及吸油管 10 吸油,以较高的油压将油输出,这样,液压泵就把发动机的机械能转换成液压油的压力能。压力油经过油管 9 及换向阀 2 中的油液通道进入液缸 5,使液压缸的活塞杆伸缩,带动机床的工作台 T 沿着机床床身的导轨往复移动,这样,液压缸就把压力油的压力能转换成移动工作台的机械能。

换向阀 2 的作用是控制液流的方向;溢流阀 3 用于维持液压系统压力近似恒定;工作台 T 的速度改变由可调节流阀 4 来控制;油箱 7 用于储存油液并散热,滤油器 6 的作用是滤去液压油中的杂质,压力表 8 用以观察系统压力。

(2)液压系统的组成。

从图 1-17 机床液压系统工作原理中可知,液压系统由以下四部分组成。

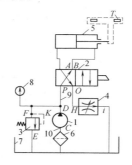

①动力元件。液压泵。其职能是将机械能转换为液体的压能,其吸油和压油过程(包括液压电机)都是利用空间密封容积的变化引起的。在液压泵中,柱塞泵压力较高,适于高压场合,螺杆泵噪声小、运转平稳和流量均匀。

图 1-17　机床液压系统图
1—液压泵;2—换向阀;3—溢流阀;4—可调节流阀;5—液缸;6—滤油器;7—油箱;8—压力表;9—油管;10—吸油管

②控制调节元件。各种阀在液压系统中控制和调节各部分液体的压力、流量和方向,以满足机械的工作要求,完成一定的工作循环。

③执行元件。液动机包括液压电机和液压缸,它是将液体的压力能转换成为机械能的机构。

④辅助元件。它包括油箱(储存油液并散热)、滤油器(滤去油中杂质)、蓄能器、油管及管接头、密封件、冷却器、压力继电器及各种检测仪表等。

四、机械零、部件拆卸

1. 击卸

击卸是用手锤敲击的方法使配合的零件松动而达到拆卸的目的。拆卸时应根据零件的尺寸、重量和配合牢固程度,选择适当重量的手锤,受击部位应使用铜棒或木棒等保护措施。此方法适用于过渡配合机件的拆卸。击卸时要左右对称,交换敲击,不能一边敲击。

2. 压卸和拉卸

对于精度要求较高,不允许敲击或无法用击卸法拆卸的零件,可采用压卸或拉卸。采用压卸或拉卸时,加力比较均匀,零件的偏斜或损坏的可能性较小。这种方法适用于静配合机件的拆卸。

3. 温差法拆卸

利用金属热胀冷缩的特性,采取加热包容件,或者冷却被包容件的方法来拆卸零件。这种方法适用于一般过盈较大、尺寸较大等无法压卸的情况下应用。

4. 破坏拆卸

当必须拆卸焊接、铆接、密封连接等固定连接件或轴与套互相咬死,花键轴扭转变形及严重锈蚀等机件时,不得已而采取的方法,一般采用保存主件,破坏副件的方式。

拆卸较大零件时,如精密的细长轴丝杠、光杠等零件,拆下时应垂直悬挂存放,以免弯曲变形。

五、机械零、部件清洗

1. 清洗步骤

设备清洗步骤分初洗、细洗和精洗三种。

（1）初洗主要是去掉设备旧油、污泥、漆片和锈层。

（2）细洗是对初洗后的机件，再用清洗剂将机件表面的油渍、渣子等脏物冲洗干净。

（3）精洗是用洁净的清洗剂作最后清洗，也可用压缩空气吹一下表面，再用油冲洗。

2. 清洗方法

设备的清洗方法很多，常见的有擦洗、浸洗、喷洗、电解清洗和超声波清洗等方法。

（1）擦洗。

擦洗是利用棉布、棉纱浸上清洗剂对零件进行清洗，这种方法多用于对零件进行初洗。

（2）浸洗。

浸洗是将零件放入盛有清洗剂的容器内浸泡一段时间的清洗方法。它适用于清洗形状复杂的零件，或者油脂干涸、油脂变质的零件。必要时可对清洗剂加热来对零件进行清洗。零件清洗时间，可根据清洗液的性质、温度和装配件的要求进行调整，一般为 2～20min，浸洗后的零件应进行干燥处理。

（3）喷洗。

这是一种利用清洗机对形状复杂、污垢粘附严重的装配件，采用溶剂油、蒸汽、热空气、金属清洗剂和三氯乙烯等清洗液进行清洗的一种方法。但对精密零件、滚动轴承等不能用喷洗方法。

(4)电解清洗。

电解清洗是将被清洗的零件放入盛有碱液的电解槽中,然后通电利用化学反应清除零件上的矿物油、防锈油等。这种方法适用于批量零件的清洗。

(5)超声波清洗。

超声波清洗是利用超声波清洗装置产生的超声波作用,将零件上粘附的泥土、油污除掉。这种方法适用于对装配件进行最后清洗。

3. 清洗剂

常用的清洗剂有各种石油溶剂、碱性清洗剂和清洗漆膜溶剂等。

(1)石油溶剂。

主要有汽油、煤油、轻柴油和机械油等。

①汽油:汽油是一种良好的清洗剂,对油脂、漆类的去除能力很强,是最常用的清洗剂之一。在汽油中加入 2%~5% 的油溶性缓释剂或防锈油,可使清洗的零件具有短期防锈能力。

②煤油:煤油与汽油一样,也是一种良好的清洗剂,它的清洗能力不如汽油,挥发性和易燃性比汽油低,适用于一般机械零件的清洗。精密的零件一般不宜用煤油作最后的清洗。

③轻柴油和机械油:轻柴油和机械油的黏度比煤油大,也可用作一般清洗剂,机械油加热后的使用效果更好,其加热温度不得超过 120℃。

(2)碱性清洗剂。

碱性清洗剂是一种成本较低的除油脱脂清洗剂,使用时一般加热至 60~90℃ 进行清洗,浸洗或喷洗 10min 后,再用清水清洗效果更好。

（3）清洗漆膜溶剂。

主要有松香水、松节油、苯、甲苯、二甲苯和丙酮等。它们具有稀释调和漆、磁漆、醇酸漆、油基清漆和沥青漆等功能，因此常用来清洗上述漆膜。

六、机械零、部件装配

1. 装配的基本步骤

装配工作的基本顺序一般与拆卸工作的基本顺序相反，基本上由小到大，从里向外进行。其步骤如下：

（1）首先要熟悉图纸和设备构造，了解设备部件、零件或组合件之间的相互关系以及进行零件尺寸和配合精度的检查。

（2）先组装组合件，然后组装部件，最后进行总装配。每组装一个零件，都应先清洗并涂上润滑油（脂），检查其质量和清洁程度，以确保装配质量。

（3）总装配后的设备应进行试运转，对试运中发现的问题应及时调整和处理。

（4）最后对设备进行防腐和涂漆保护。

2. 螺纹连接装配

（1）螺纹及螺纹连接的种类。

根据母体形状，螺纹分圆柱螺纹和圆锥螺纹；根据牙形分三角形、矩形、梯形和锯齿形。普通螺纹的标记用 M 表示，梯形螺纹用 Tr 表示，非螺纹密封的管螺纹用 G 表示。

螺纹连接是利用螺纹零件构成的可拆连接，螺纹连接的连接零件除紧固件外，还包括螺母、垫圈以及防松零件等。其连接方式有螺栓连接、双头螺柱连接、螺钉连接和紧定螺钉连接。

（2）螺纹连接的拧紧。

螺纹连接拧紧的目的是增强连接的刚性、紧密性和防松能力。控制拧紧力矩有许多方法，常用的有控制扭矩法、控制扭角法、控制螺纹伸长法及断裂法等。

①控制扭矩法。用测力扳手或定扭矩扳手使预紧力达到给定值，直接测得数值。

②控制螺纹伸长法。通过控制螺栓伸长量，以控制预紧力的方法，见图1-18。螺母拧紧前，螺栓的原始长度为L_1（螺栓与被连接件间隙为零时的原始长度）。按预紧力要求拧紧后螺栓的伸长量为L_2。

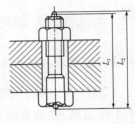

图 1-18　螺栓伸长的测量

其计算式为：

$$L_2 = L_1 + P_0/C_L \text{(mm)}$$

式中　P_0——预紧力为设计或技术文件中要求的值，N；

C_L——螺栓刚度（按规范的规定计算）。

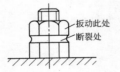

振动此处
断裂处

图 1-19　断裂法控制预紧力

③断裂法。见图1-19。在螺母上切一定深度的环形槽，拧紧时以环形槽断裂为标志控制预紧力大小。

（3）螺纹连接的防松。

在静载荷下，螺纹连接能满足自锁条件，螺母、螺栓头部等支承面处的摩擦也有防松作用。但在冲击、振动或变载荷下，当温度变化大时，连接有可能会松动，甚至松开，所以螺纹连接时，必须考虑防松问题。

防松的根本目的在于防止螺纹副相对转动，防止摩擦力矩减小或螺母回转。具体的防松装置或方法很多,就工作原理来看,可分为利用摩擦防松、直接锁住防松和破坏螺纹副关系防松三种。

3. 键连接装配

键主要用于轴和毂零件(如齿轮、涡轮等),实现周向固定以传递扭矩的轴毂连接。其中,有些还能实现轴向以传递轴向力,有些则能构成轴向动连接。

(1)键连接类型。

键是标准件,有松键连接、紧键连接和花键连接三大类型。

①松键连接:包括平键和半圆键,平键分普通平键、导向平键和滑键,用于固定和导向连接。普通平键用于静连接,导向平键和滑键用于动连接(零件轴向移动量较大),见图1-20。松键连接以键的两侧面为工作面,键与键槽的工作面间需要紧密配合,而键的顶面与轴上零件的键槽底面之间则留有一定间隙。

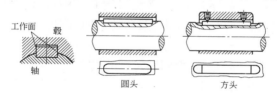

图 1-20　普通平键连接

②紧键连接:用于静连接,常见的有楔键和切向键。楔键的上下两画是工作面,分别与毂和轴上一键槽的底面贴合,键的上表画具有 1∶100 斜度;切向键是由两个斜度为 1∶100 的单边倾斜楔组成。装配后,两楔其斜面相互贴合,共同楔紧在轴毂之间,见图 1-21。

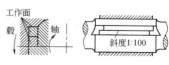

图 1-21　切向键连接

③花键连接：靠轴和毂上的纵向齿的互压传递扭矩，可用于静或动连接。花键根据齿形不同，分为矩形、渐开线和三角形三种。其中矩形花键连接应用较广，它有三种定心方式，见图1-22。

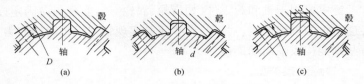

图 1-22　矩形花键连接及其定心方式
（a）按外径定心；（b）按内径定心；（c）按侧面定心

（2）键连接的装配。

①键连接前，应将键与槽的毛刺清理干净，键与槽的表面粗糙度、平面度和尺寸在装配前均应检验。

②普通平键、导向平键、薄型平键和半圆键，两个侧面与键槽一般有间隙，重载荷、冲击、双向使用时，间隙宜小些，与轮毂键槽底面不接触。

③普通楔键的两斜面间以及键的侧面与轴和轮毂键槽的工作面间，均应紧密接触；装配后，相互位置应采用销固定。

④花键为间隙配合时，套件在花键轴上应能自由滑动，没有阻滞现象。但不能过松，用手摆动套件时，不应感觉到有明显的同向间隙。

4. 销连接

销连接通常只传递不大的载荷，或者作为安全装置。销的另一重要用途是固定零件的相互位置，起着定位、连接或锁定零件作用。它是组合加工装配时的重要辅助零件。

（1）销的形式和规格，应符合设计及设备技术文件的规定。

（2）装配销时不宜使销承受载荷，根据销的性质，宜选择相应的方法装入。

（3）对定位精度要求高的销和销孔，装配前检查其接触面积，应符合设备技术文件的规定；当无规定时，宜采用其总接触面积的 50%～75%。圆柱销不宜多次装拆，否则会降低定位精度和连接的紧固性。

5. 联轴器和离合器

联轴器和离合器是连接不同机构中的两根轴使之一同回转并传递扭矩的一种部件。前者只有在机器停车后用拆卸的方法才能把两轴分开；后者不必采用拆卸方法，在机器工作时就能使两轴分离或接合。

（1）联轴器。

①联轴器分类。

按照被连接两轴的相对位置和位置的变动情况，联轴器可分为两大类。

a. 固定式联轴器。用在两轴能严格对中并在工作中不发生相对位移的地方。

b. 可移动式联轴器。用在两轴有偏斜或在工作中有相对位移的地方。

可移动式联轴器按照补偿位移的方法不同分为刚性可移动式联轴器和弹性可移动式联轴器两类；弹性联轴器又可按刚度性能不同分为定刚度弹性联轴器和变刚度弹性联轴器。

②联轴器装配。

a. 联轴器装配时，两轴的同轴度与联轴器端面间隙必须符合设计规范或设备技术文件的规定。

b. 联轴器的同轴度应根据设备安装精度的要求，采用不同的方法测量,如用刀口直尺、塞尺或百分表等。

c.联轴器套装时,一般为过盈配合使联轴器和轴牢固地连在一起,有冷压装配和热装配法。如联轴器直径过小,过盈量又不大,可采用冷装配;联轴器直径较大,过盈量大时,应采用加热装配。

d.联轴器装配前,应检查键的配合和测量轴与孔的过盈量。联轴器与轴装配好后,用百分表测量轴向和径向跳动值(即同心度和端面瓢偏度)并确定其偏差位置,用刀口直尺检查同轴度时应将误差点消除。

(2)离合器。

根据工作原理的不同,离合器有嵌入式、摩擦式、磁力式等数种。它们分别利用牙或齿的啮合、工作表面间的摩擦力、电磁的吸力等来传递扭矩。

①离合器的装配应使离合器结合或分开动作灵活;能传递足够的扭矩;传动平稳。

②摩擦式离合器装配时,各弹簧的弹力应均匀一致,各连接销轴部分应无卡住现象,摩擦片的连接铆钉应低于表面0.5mm。

③圆锥离合器的外锥面应接触均匀,其接触面积应不小于85%。

④牙嵌式离合器回程弹簧的动作应灵活,其弹力应能使离合器脱开。

⑤滚柱超越离合器的内外环表面应光滑无毛刺,各调整弹簧的弹力应一致,弹簧滑销应能在孔内自由滑动,不得有卡阻现象。

▶ 6.具有过盈配合件装配

零件之间的配合,由于工作情况不同,有间隙配合、过盈配合和过渡配合。其中过盈配合在机械零件的连接中应用十分广泛。

过盈配合装配前应测量孔和轴的配合部位尺寸及进入端倒角角度与尺寸。测量孔和轴时,应在各位置的同一径向平面上互成90°方向各测一次,求出实测过盈量平均值。根据实测的过盈量平均值,按设计要求和表 1-1 选择装配方法。

表 1-1 　　　　　　　具有过盈的配合件装配方法

装配形式	配合类别		配合特性	装配方法
	基孔制	基轴制		
过渡配合	$\dfrac{H_7}{H_6}$	$\dfrac{H_7}{h_6}$	用于稍有过盈的定位配合,例如为了消除振动用的定位配合	一般采木锤装配
	$\dfrac{H_7}{H_6}$	$\dfrac{H_7}{h_6}$	平均过盈比 $\dfrac{H_6}{K_6}$(或 $\dfrac{K_7}{h_6}$)大,用于有较大过盈的更精密的定位	用锤或压力机装配
过盈配合	$\dfrac{H_7}{P_6}$	$\dfrac{P_7}{h_6}$	小过盈配合,用于定位精度特别重要,能以最好的定位精度达到部件的刚性及同轴度要求,但不能用来传递摩擦负荷,需要时可拆除	用压力机装配
	$\dfrac{H_7}{S_6}$	$\dfrac{S_7}{h_6}$	中等压入配合,用于钢制和铁制零件的半永久性和永久性装配,可产生相当大的结合力	一般用压力机装配,对于较大尺寸和薄壁零件需用温差法装配
	$\dfrac{H_7}{U_6}$	$\dfrac{U_7}{h_7}$	具有更大的过盈,依靠装配的结合力传递一定负荷	用温差法装配

过盈配合装配方法常用的有冷态法装配和温差法装配。

(1)冷态法装配。

冷态装配是指在不加热也不冷却的情况下进行压入装配。压入配合应考虑压入时所需要的压力和压入速度,一般手压时为 1.5t;液压式压床时为 10～100t;机械驱动的丝杆压床为 5t。压入装配时的速度一般不宜超过 2～5m/s。

冷态装配时,为保证装配工作质量,应遵守下列几项规定:

①装配前,应检查互配表面有无毛刺、凹陷、麻点等缺陷。

②被压入的零件应有导向装配,以免歪斜而引起零件表面的损伤。

③为了便于压入,压入件先压入的一端应有 1.5～2mm 的圆角或 30°～45°的倒角,以便对准中心和避免零件的棱角边把互配零件的表面刮伤。

④压入零件前,应在零件表面涂一薄层不含二硫化钼添加剂的润滑油,以减少表面刮伤和装配压力。

(2)温差法装配。

温差法装配的零件,其连接强度比常温下零件的连接强度要大得多。过盈量大于 0.1mm 时,宜采用温差法装配。零件加热温度,对于未经热处理的装配件,碳钢的加热温度应小于400℃;经过热处理的装配件,加热温度应小于回火温度。温度过高,零件的内部组织就会改变,且零件容易变形而影响零件的质量。最小装配间隙,可按表 1-2 选取。

表 1-2　　　　　　　　　　　最小装配间隙

配合直径 d/mm	≤3	3～6	6～10	10～18	18～30	30～50	50～80
最小间隙/mm	0.003	0.006	0.010	0.018	0.030	0.050	0.059
配合直径 d/mm	80～120	120～180	180～250	250～315	315～400	400～500	＞500
最小间隙/mm	0.069	0.079	0.090	0.101	0.111	0.123	

（3）热装配加热方法。

热装配加热方法常用的有木柴（或焦炭）、氧、乙炔加热、热油加热、蒸汽加热和电感应加热。

热油装配时，机油加热温度不应超过 120℃。若使用过热蒸汽加热机件时，其加热温度可以比在机油中的加热温度略高，但应注意防止机件加工面生锈。

（4）冷却装配。

对于零件尺寸较大的，热装配时不但需要花费很大能量和时间，而且还需要特殊装置和设备，这种零件装配时，一般选择冷却装配法。常用的冷却方式有利用液化空气和固态二氧化碳（干冰）或使用电冰箱冷却等。干冰加酒精加丙酮冷却温度可为－75℃；液氨冷却温度可为－120℃；液氮冷却温度可为－195～－190℃。

7. 滑动轴承

轴承是支承轴颈的部件，有时也用来支承轴上的同轴零件。按照承受载荷的方向，轴承可分为向心轴承和推力轴承两大类。根据轴承工作的摩擦性质，又可分为滑动摩擦轴承（具有滑动摩擦性质）和滚动摩擦轴承。

（1）滑动轴承分类。

常见的向心滑动轴承有整体式和剖分式两大类，主要用于高速旋转机械。

①整体式轴承。见图 1-23，轴承座用螺栓与机座连接，顶部设有装油杯的螺纹孔。轴承孔内压入用减摩材料制成的轴套，轴套内开有油孔，并在内表面上开油沟以输送润滑油。

②剖分式轴承。见图 1-24，部分式轴承由轴承座、轴承盖、剖分轴瓦、轴承盖螺柱等组成。轴瓦是轴承直接和轴颈相接触

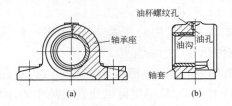

图 1-23 整体式向心滑动轴承

(a)轴承座；(b)剖面视图

的零件,在轴瓦内壁不负担载荷的表面上开设油沟,润滑油通过油孔和油沟流进轴承间隙。对于轴承宽度与轴颈直径之比大于1.5 的轴承,可以采用调心轴承,见图 1-25,其特点是轴瓦外表面作成球面形状,与轴承盖及轴承座的球状内表面相配合,轴瓦可以自动调位以适应轴颈弯曲时所产生的偏斜。

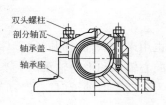

图 1-24 剖分式向心滑动轴承

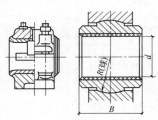

图 1-25 调心轴承

(2)滑动轴承的材料。

轴瓦和轴承衬的材料统称为轴承材料。对轴瓦材料的主要要求是:

①强度、塑性、顺应性和藏嵌性。

②跑合性、减摩性和耐磨性。

③耐腐蚀性。

④润滑性能和热学性质(传热性及热膨胀性)。

⑤工艺性。轴瓦和轴承衬材料主要有轴承合金、轴承青铜、含油轴承和轴承塑料。

（3）滑动轴承的润滑方法。

轴承润滑的目的主要是减少摩擦功耗,降低磨损率,同时还可起到冷却、防尘、防锈以及吸振等作用。润滑油润滑方式可以是间歇的或是连续的。用油壶和用压配式压注油杯或旋套式注油油杯供油只能达到间歇润滑的目的,见图 1-26;采用滴点润滑、芯捻或线纱润滑、油环(轴转动时带动油环转动,把油箱中的油带到轴颈上进行润滑的方式)润滑、飞溅润滑和压力循环润滑能达到连续润滑的效果,见图 1-27。

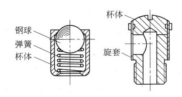

钢球
弹簧
杯体
杯体
旋套

图 1-26　压配式压注油杯、旋套式注油油杯

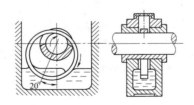

20°

图 1-27　油环润滑

（4）滑动轴承的安装。

①轴承座的安装。

安装轴承座时,必须把轴瓦和轴套安装在轴承座上,按照轴套或轴瓦的中心进行找正,同一传动轴的所有轴承中心必须在一条直线上。找轴承座时,可通过拉钢丝或平尺的方法来找正它们的位置。

②轴承的装配要求。

a.上下轴瓦背与相关轴承孔的配合表面的接触精度应良好。根据整体式轴承的轴套与座孔配合过盈量的大小,确定适宜的压入方法。尺寸和过盈量较小时,可用手锤敲入;在尺寸或过盈量较大时,则宜用压力机压入。对压入后产生变形的轴套,应进行内孔的修刮,尺寸较小的可用铰削;尺寸较大时则必须用刮研的方法。

剖式轴承上下轴瓦与相关轴颈的接触不符合要求时,应对轴瓦进行研刮,研瓦后的接触精度应符合设计文件的要求。研瓦时要在设备精平以后进行,对开式轴瓦一般先刮下瓦,后刮上瓦;四开式轴瓦先刮下瓦和侧瓦,再刮上瓦。

b.轴瓦间隙要求应符合设计文件和规范的要求。厚壁轴瓦上下瓦的接合面应接触良好,未拧紧螺钉时,用0.05mm塞尺从外侧检查接合面,塞入深度不大于接合面宽度的1/3;与轴颈的单侧间隙应为顶间隙的$1/2\sim2/3$,可用塞尺检查,塞尺塞入的长度一般不小于轴颈的1/4。顶间隙可用压铅法并配合塞尺检查。薄壁轴承轴瓦与轴颈的配合间隙及接触状况一般由机械加工精度保证,其接触面一般不允许刮研。

用压铅法检查轴瓦与轴颈顶间隙时,铅丝直径不宜超过顶间隙的3倍,在轴瓦中分面处宜加垫片,并扣上瓦盖加以一定紧力进行测量。顶间隙可按下列公式计算,见图1-28。

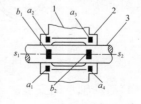

图1-28 压铅法测量轴承间隙
1—轴承座;2—轴瓦;3—轴

$$S_1 = b_1(a_1 + a_2)/2$$
$$S_2 = b_2(a_3 + a_4)/2$$

式中　　S_1——一端顶间隙,mm;

　　　　S_2——另一端顶间隙,mm;

　　b_2、b_1——轴颈上各段铅丝压扁后的厚度,mm;

a_1、a_2、a_3、a_4——轴瓦合缝处接合面上各垫片的厚度或铅丝压扁后的厚度,mm。

如果实测的顶间隙小于规定的值,应在上下轴瓦之间加垫片;若实测顶间隙的值大于规定值,则用刮削上下轴瓦结合面或减少垫片的方法来调整。

c. 润滑油通道应干净,位置应正确;

d. 在工作条件下,不发生烧瓦及"胶合"的情况;

e. 在轴承的所有零件中,只允许轴颈与轴衬之间发生滑动,上瓦与上瓦盖之间应有一定的紧力。

8. 滚动轴承

典型的滚动轴承构造,见图 1-29(a),由内圈、外圈、滚动体和保持架四元件组成。内圈、外圈分别与轴颈及轴承座孔装配在一起。多数情况是内圈随轴回转,外圈不动;但也有外圈回转、内圈不转或内外圈分别按不同转速回转等使用情况。

按滚动体的形状可分为球形、圆柱形、锥柱形、鼓形等,见图 1-29(b)。

按承受载荷的方向可分为:

①向心轴承。主要承受或只能承受径向载荷;

②推力轴承。只能承受轴向载荷;

③向心推力轴承。能同时承受径向和轴向载荷。

滚动轴承与滑动轴承相比,具有摩擦系数小、运行平稳、精

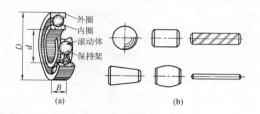

图 1-29 滚动轴承

(a)滚动轴承(球轴承)的构造;(b)滚动体的种类

度高、易启动;结构紧凑、消耗润滑剂少;对轴的材料和热处理要求不高及易于互换等优点。

(1)滚动轴承的失效形式。

滚动轴承的失效形式主要有疲劳破坏和永久变形,具体的有以下几种。

①点蚀。滚动轴承受载荷后各滚动体的受力大小不同,对于回转的轴承,滚动体与套圈间产生变化的接触应力,工作若干时间后,各元件接触表面都可能发生疲劳点蚀。

②塑性变形。在一定的静载荷或冲击载荷作用下,滚动体或套圈滚道上将出现不均匀的塑性变形凹坑。

③磨损。在多尘条件下工作的滚动轴承,虽然采用密封装置,滚动体与套圈仍有可能磨损,并引起表面发热、胶合,甚至使滚动体回火。

④其他还有由于操作、维护不当引起元件破裂、电腐蚀、锈蚀等失效形式。

(2)滚动轴承的装配。

①滚动轴承的配合。滚动轴承的内圈和轴的配合以及外圈和轴承座孔的配合将影响轴承的游隙,由于过盈配合所引起的内圈膨胀和外圈收缩,将使轴承的游隙减少。滚动轴承的配合,

应根据滚动轴承的类型、尺寸、载荷的大小和方向以及工作情况决定。还要弄清在工作中它是内圈转动，还是外圈转动。因为转动的那一个座圈的配合，要比不转动的那个座圈的配合紧一些。滚动轴承与轴的配合按基孔制，与轴承座孔的配合按基轴制。

②滚动轴承的固定。轴和轴承零件的位置是靠轴承来固定的。工作时，轴和轴承相对机座不允许有径向移动，轴向移动也应控制在一定的限度内。限制轴的轴向移动有两种方式。

第一，两端固定。使每一支承都能限制轴的单向移动，两个支承合在一起就能限制轴的双向移动，即利用内圈和轴肩、外圈和轴承盖来完成。

第二，一端固定一端游动。使一个支承限制轴的双向移动，另一个支承游动。内圈在轴上的轴向固定方法，见图1-30。

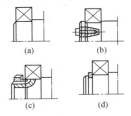

(a) (b)

(c) (d)

图1-30 内圈的轴向固定

a. 用轴肩固定，见图1-30(a)。

b. 用装在轴端的压板固定，见图1-30(b)。

③用圆螺母和止动垫圈固定，见图1-30(c)。

④用弹性挡圈紧卡在轴上的槽中固定，见图1-30(d)。外圈的轴向固定方法，见图1-31。

a. 用轴承座上的凸肩固定，见图1-31(a)。

b. 用轴承盖端压紧固定，见图1-31(b)。

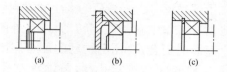

(a) (b) (c)

图 1-31 外圈的轴向固定

c. 用弹性挡圈固定,见图 1-31(c)。

⑤滚动轴承的安装方法。一般情况下,用压力机将内圈压到轴颈上。中小型轴承采用软锤直接安装或加一段管子间接敲击内圈安装;尺寸大的轴承可用加热轴承的热装法或冷却轴颈的冷却法。

a. 热装法。热装原理是先将轴承在热油内加热,使轴承内径产生热膨胀,然后安装到轴颈上。具体做法是先将轴承放在机油中加热 15min 左右,温度不应超过 100℃,然后迅速取出,安装到轴上。

b. 锤击法。安装前,在轴颈或轴承内座圈的表面涂上一层机油,然后将轴承套在轴颈端部,靠内座圈的边缘垫上一根紫铜棒,棒中心线与轴中心线平行,然后。对称而均匀地锤击,即在轴承座圈的两侧交替地垫上棒锤击,直到内座圈与轴肩靠紧为止,见图 1-32(a)。

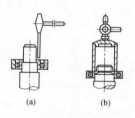

(a) (b)

图 1-32 滚动轴承安装法
(a)锤击法;(b)用套管锤击法

为了使轴承受力对称,也常采用一根套管作为锤击时传递力量的工具。见图 1-32(b)。套管以紫铜的最好,用低碳钢管也可以。套管的端面要平,而且应该与套管的中心线垂直。使用时将轴承套在轴端上,再把套管的一个端面与轴承座内圈的端面贴合。在套管的另一个端面上焊上用锤敲击管子的端盖。

这时座圈受力对称,装起来也顺利,但是它的适用范围不大。

　　c.压力机压入法。用锤击法,不论采用紫铜棒,还是采用套管,都不十分理想,因为它们传到轴承上的力都是冲击力,而且又不均匀。为了使轴承受力对称、均匀,避免冲击,常采用压入的方法,即用压力机代替锤头,传递力量仍然利用套管,具体做法见图1-32(b)。

　　d.在剖分式轴承座上的安装应先将轴承装在轴上,然后整体放在轴承座里,盖上轴承盖即可。但是剖分式轴承座不允许有错位和轴瓦口两侧间隙过小的现象,若有此情况,应该用刮刀进行修整。轴瓦(轴套)与上盖接触面的夹角应在80°~120°之间,与底座接触面的夹角应为120°,见图1-33,并且上、下接触面都应在座孔面的中间。

　　e.止推轴承的安装。止推轴承的活套圈与机座之间应保证有0.25~1.0mm的间隙,见图1-34。若它的两个座圈内径不一致时,应把内径小的座圈安装在紧靠轴肩处。因此安装前要进行测量,否则容易装错。

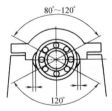

图1-33　轴承外套与轴承座
接触面的角度

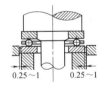

图1-34　止推轴承的活套与
机座之间的装配间隙

　　所有滚动轴承座盖上的止口都不应偏斜,止口端面应垂直于盖的对称中心线;如有偏斜,要加以修正。油毡,皮胀圈等封装置,必须严密。迷宫式的密封装置,在装配时应填入干油。装配轴承时还要检查轴承外圈是否堵住油孔及油路。

滚动轴承径向有一定的游隙，其最大间隙位置应在上面，当轴承座上盖拧紧螺钉后，其间隙不应有变化。在拧紧螺钉前后，用手轻轻转动轴承时，感觉应当同样轻快、平稳，不应有沉重的感觉。

⑥滚动轴承间隙量的调整。滚动轴承的间隙也分为径向和轴向两种，间隙的作用，在于保证滚动体的正常运转、润滑以及作为热膨胀的补偿量。

滚动轴承安装时，一般需要调整间隙的都是圆锥滚子轴承，它的调整是通过轴承外圈来进行的，主要的调整方法有以下三种。

a. 垫片调整。先用螺钉将卡盖拧紧到轴承中没有任何间隙时为止，见图1-35，同时最好将轴转动，然后用塞尺量出卡盖与机体间的间隙，再加上所需要的轴向间隙，即等于所需要加垫的厚度。假定需要几层垫片叠起来用时，其厚度一定要以螺钉拧紧之后再卸下来测量的结果为准，不能以几层垫片直接相加的厚度计算，否则会造成误差。

b. 螺钉调整。见图1-36(a)，先把调整螺钉1上的锁紧螺母2松开，然后拧紧调整螺钉，使它压到止推环上，止推环挤向外座圈，直到轴转动时吃力为止。最后，根据轴向间隙的要求，将调整螺钉倒转一定的角度，并把锁紧螺母2拧紧，以防调整螺钉在设备运转中产生松动。

c. 止推环调整。见图1-36(b)，先拧紧止推环3，直到轴转动吃力时为止，然后根据轴向间隙的要求，将止推环轴承安装好之后，倒拧一定的角度，最后用止动片4予以固定。

轴承间隙调整好以后，还要进一步检查调整的是否正确，可以用塞尺或百分表测量轴向间隙值，以达到检查目的。

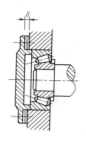

图 1-35　垫片调整法

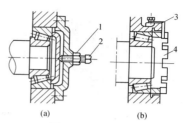

(a)　　　　　(b)

图 1-36　螺钉调整

(a)螺钉调整；(b)止推环调整

1—调整螺钉；2—锁紧螺母；3—止推环；

4—止动片

(3)滚动轴承的拆卸。

①锤击拆卸。锤击拆卸是把连同滚动轴承的部件安装在台虎钳上，然后用锤头击卸，击卸时应谨慎小心，以免打坏零件。锤击要左右对称地交换着进行，切不可只在一面敲击，否则座圈就会破裂。

②加热拆卸。根据金属热胀冷缩的特性，来拆卸零件。这种方法适用于过盈量大、尺寸也大的滚动轴承拆卸。

加热拆卸轴承时，机油的加热温度约 100℃ 左右。并将轴承放置成见图 1-37 所示的位置，稍微拧紧钩爪器上的丝杆，然后将热油浇在滚动轴承的内圈上，使内圈受热膨胀，此时尽可能不让热油与轴接触，可将轴端用浸湿的冷布包扎起来，当内圈受热膨胀与轴配合松动时，即可轻松地将轴承卸下来。拆卸时，钩爪器的丝杠要顶住轴端，再拧紧丝杠即可。

③压力拆卸。这种拆卸方法加力比较均匀，也能控制方向，适用于大尺寸的滚动轴承，见图 1-38 为用压床压出滚动轴承的方法。

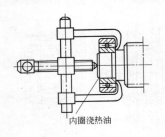

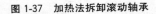
内圈浇热油

图 1-37　加热法拆卸滚动轴承

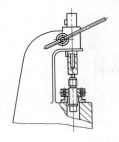

图 1-38　用压床压卸滚动轴承

9. 齿轮装配

(1)齿轮在轴上装配。

齿轮在轴上装配前,应当仔细地检查齿轮轴孔和轴的配合表面的加工光洁度、尺寸公差和几何形状偏差等。将齿轮装配在轴上时,齿轮的节圆中心线应与轴中心线相重合,齿轮的端面应与轴中心线垂直并应紧靠轴肩。齿轮装配正确与否,可以通过测量齿轮轮缘的径向跳动和端面跳动来检查。

当传动力矩较大时,常采用较大过盈量来配合。装配时可采用压力装配或加热装配。

(2)装配检查与要求。

影响齿轮传动的准确性是由于存在着加工和装配误差,影响齿轮啮合质量好坏的原因主要是齿轮中心距和齿轮轴的平行度,其中安装中心距是影响齿侧间隙大小的主要因素。

①齿侧间隙的检查。齿侧间隙的检查方法有塞尺法和压铅法。

a.塞尺法。用塞尺直接测量齿轮的顶间隙和侧间隙。

b.压铅法。见图 1-39,压铅法是测量顶间隙和侧间隙最常用的方法。测量时将直径不超过间隙 3 倍的铅丝,用油脂粘在

直径较小的齿轮上;铅丝长度不应小于
5 个齿距;对于齿宽较大的齿轮,沿齿宽
方向应均匀放置至少 2 根铅条。然后
使齿轮啮合滚压,压扁后的铅丝厚度,
就相当于顶间隙和侧间隙的数值,其值
可用千分尺测量。铅丝最后部分的厚

铅丝

图 1-39　压铅法检查侧隙

度为顶间隙,相邻最薄处部分的厚度之和为侧间隙。齿侧间隙
应符合设备技术文件的规定。

②接触斑点的检查。安装现场检查齿轮的接触斑点常采用
涂色法检查。一般用加少量机油的红丹粉涂色于直径较小的齿
轮上,用小齿轮驱动直径较大的齿轮,使大齿轮转动 3～4 圈,然
后在大齿轮上(也可在小齿轮上)观察接触痕迹,作为接触斑息,
对于双向工作的齿轮,应在正反方向都作接触斑点的检查。圆
柱齿轮和蜗轮的接触斑点应趋于齿轮侧面的中部;圆锥齿轮的
接触斑点应趋于齿侧面的中部并接近小端。

10.典型及精密部件的检修与刮研

(1)齿轮副的检修。

齿轮副经过一定时间的运转,会产生不同程度的磨损。齿
轮磨损严重或齿崩碎,一般情况下均更换新的,由于小齿轮和大
齿轮啮合,往往小齿轮磨损快,所以应及时更换小齿轮,以免加
速大齿轮磨损,更换时要注意齿轮的压力角要相同,以免加速机
构及齿轮的磨损。蜗轮副的修理,主要包括蜗轮座和蜗轮副的
修理,圆锥齿轮因磨损造成侧间隙时,其修理方法是沿轴线移动
调整。

对于大模数的齿轮局部崩裂,可用气焊把金属熔化堆积在
损坏的部分,然后经过回火,再加工成准确的齿形。

(2)滑动轴承的检修。

①整体式滑动轴承的修理。

这种轴承一般采用更换的方法,但对大型轴承或贵重金属材料的轴承,可采用金属喷镀的方法或将轴套切去一部分,然后合拢以缩小内孔,再在缺口上用铜焊补满,最后通过喷镀或镶套以增大外径。

②内柱外锥式滑动轴承的修理。

这类轴承修理应根据损坏情况进行。如工作表面没有严重擦伤,而仅作精度修整时,可以通过螺母来调整间隙;当工作表面有严重擦伤时,应重新刮研轴承,恢复其配合精度;当没有调节余量时,可采用加大轴承外锥圆直径的方法,如采用电化铜的方法,增加它的调节余量。另外,也可在轴承小端,车去部分圆锥以加长螺纹长度,从而增加了它的调节范围,当轴承变形或磨损严重时,则应更换新的轴承。

③剖分式(对开式)滑动轴承的修理。

对开式滑动轴承经使用后,如工作表面轻微磨损,可以通过调整垫片重新进行修刮,以恢复其精度。对于巴氏合金轴瓦,如上作表面损坏严重时,可重新浇巴氏合金,并经机械加工,再进行修刮,直至符合要求为止。

(3)轴的修理。

①一般轴的修复工艺。

a. 轴变形弯曲。当轴颈小于 50mm,轴的弯曲变形量大于 0.006% 时,采用冷校直,用百分表检验其弯曲量,并在最大弯曲点做记号,然后放在专用的工具或压力机上进行校直。当轴颈大于 50mm,不适于冷校直的轴,可采用热校法,它是用气焊加热最大弯曲处或相邻部位,使轴的局部受热膨胀,使伸长量达到原轴最大弯曲值的 2~3 倍(根据轴的直径大小而定),然后迅速冷却使轴校直。采用热校直的方法简单可靠,精度可达 0.03mm。

b. 当轴颈的磨损量小于 0.2mm,需要具有一定硬度时,可采用镀铬的方法进行修复,镀铬层的厚度一般为 0.1～0.2mm,为保证原尺寸精度,镀层应具有 0.03～0.1mm 的磨削余量。受冲击荷载的零件,因镀铬层受冲击易剥落,故不宜镀铬。

②主轴的修复工艺。

主轴的精度比一般的轴要求高,主轴容易磨损和损伤的部位主要是在轴颈和主轴锥孔部分。主轴轴颈可用百分尺测量轴颈的椭圆度、锥度。如轴颈表面粗糙度磨损小且均匀,可用调整轴承间隙的方法来消除,如轴颈圆度或圆柱度超差,可以用磨削加工来提高精度。

(4)机床导轨的修理。

机床导轨的主要功能是导向和承载,如工作导轨(动导轨)和床身导轨(静止的支承导轨)等,导轨在工作中必须满足其基本要求:导向精度、导轨精度的保持性、低速运动的均匀性、导轨面加工精度、表面粗糙度及承载能力等。

机床导轨的检修,不但直接影响被加工零件的精度,而且是其他部件精度检查的基准。因此机床导轨的修理,要保证它本身的表面质量和尺寸、形状精度,以及保证它与其他有关部件的位置精度。

①导轨面检修的一般原则。

导轨的检修一般有刮削、精刨和磨削等方法,刮削精度高、耐磨性好,但劳动强度大,目前对于大型导轨一般采用精刨,中小型导轨采用磨削。

a. 选择合适的导轨作为刮削的基准导轨。

b. 对相同截面形状的组合导轨,应先刮削原设计导轨面或刮削工作量少的导轨面,并以此作为基准来刮削与其组合的另一导轨。

c. 刮削导轨时,一般应将导轨放置在坚实的基础上,保证其处于自然状态。

d. 当机床导轨面磨损大于 0.3mm 时,为减少刮研工作量,应磨削或精刨后再进行刮研。

②导轨几何精度的检查。

导轨几何精度的检查方法很多,如研点法、直尺拉表比较法、垫塞法、拉钢丝检测法和水平仪检测法。

例如:水平仪检测法检查导轨几何精度值是根据每测量段(200mm 或 500mm)所测量的数据,通过计算或作图来确定导轨误差的大小。

第2部分 中小型建筑机械操作工 岗位操作技能

一、混凝土机械

1.常用混凝土机械分类

混凝土机械是指用于混凝土原料加工、运输、输送、振捣、成型等相关工艺的机械设备。混凝土机械按照其工作性质不同可分为12大类：

(1)混凝土搅拌机(自落式、强制式)。

(2)混凝土搅拌楼。

(3)混凝土搅拌站。

(4)混凝土搅拌运输车。

(5)混凝土泵。

(6)混凝土喷射机。

(7)混凝土浇筑机。

(8)混凝土振动器。

(9)混凝土布料杆。

(10)气卸散装水泥运输车。

(11)混凝土配料站。

(12)混凝土制品机械。

本书主要介绍的是中小型机械,结合施工现场实际使用情况,下面将主要对混凝土搅拌机、混凝土泵和混凝土振动器做一下介绍。

2. 混凝土搅拌机

（1）混凝土搅拌机的分类。

常用的混凝土搅拌机按其搅拌原理分为自落式搅拌机和强制式搅拌机两类。

①自落式搅拌机。自落式搅拌机的搅拌鼓筒是垂直放置的。随着鼓筒的转动,混凝土拌和料在鼓筒内做自由落体式翻转搅拌,从而达到搅拌的目的。自落式搅拌机多用于搅拌塑性混凝土和低流动性混凝土。筒体和叶片磨损较小,易于清理,但动力消耗大,效率低。搅拌时间一般为每盘 90～120s/盘,其构造见图 2-1～图 2-3。

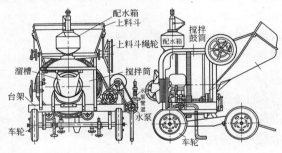

图 2-1　自落式搅拌机

鉴于此类搅拌机对混凝土骨料有较大的磨损,从而影响混凝土质量,现已逐步被强制式搅拌机所取代。

②强制式搅拌机。强制式搅拌机的鼓筒内有若干组叶片,搅拌时叶片绕竖轴或卧轴旋转,将材料强行搅拌,直至搅拌均匀。这种搅拌机的搅拌作用强烈,适宜于搅拌干硬性混凝土和轻骨料混凝土,也可搅拌流动性混凝土,具有搅拌质量好、搅拌速度快、生产效率高、操作简便及安全等优点。但机件磨损严

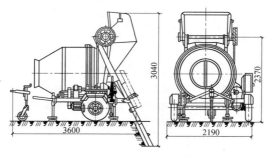

图 2-2　自落式铃形反转出料搅拌机(单位:mm)

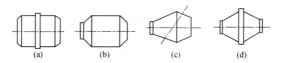

图 2-3　自落混凝土搅拌机搅拌筒的几种形式
(a)鼓筒式搅拌机;(b)锥形反转出料搅拌机;
(c)单开口双锥形倾翻出料搅拌机;(d)双开口双锥形倾翻出料搅拌机

重,一般需用高强合金钢或其他耐磨材料作内衬,多用于集中搅拌站。涡桨式强制搅拌机的外形见图 2-4,构造见图 2-5。图 2-6 为强制式混凝土搅拌机的五种形式。

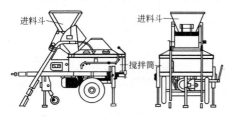

图 2-4　涡桨式强制搅拌机的外形

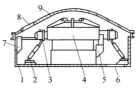

图 2-5　涡桨式强制搅拌机构造
1—搅拌盘;2—搅拌叶片;3—搅拌臂;
4—转子;5—内壁铲刮叶片;6—出料口;
7—外壁铲刮叶片;8—进料口;9—盖板

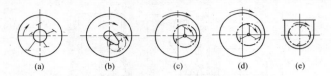

图 2-6　强制式混凝土搅拌机的几种形式
(a)涡桨式；(b)搅拌盘固定的行星式；(c)搅拌盘反向旋转的行星式；
(d)搅拌盘同向旋转的行星式；(e)单卧轴式

(2)混凝土搅拌机的型号

混凝土搅拌机的型号分类及表示方法见表 2-1。

表 2-1　　　　　　　混凝土搅拌机型号分类及表示方法

组	型	特性	代号	代号含义	主参数	
					名称	单位
混 凝 土 搅 拌 机 J(搅)	锥形反转出料式 Z(锥)	—	JZ	锥形反转出料混凝土搅拌机	出料容量	L
		C(齿)	JZC	齿圈锥形反转出料混凝土搅拌机		
		M(摩)	JZM	摩擦锥形反转出料混凝土搅拌机		
	锥形倾翻出料式 F(翻)	—	JF	锥形倾翻出料混凝土搅拌机		
		C(齿)	JFC	齿圈锥形倾翻出料混凝土搅拌机		
		M(摩)	JFM	摩擦锥形倾翻出料混凝土搅拌机		
混 凝 土 搅 拌 机 J(搅)	立轴涡桨式 W(涡)	—	JW	立轴涡桨式混凝土搅拌机	出料容量	L
	单卧轴式 D(单)	—	JD	单卧轴式混凝土搅拌机		
		Y(液)	JDY	单卧轴式液压上料混凝土搅拌机		
	双卧轴式 S(双)	—	JS	双卧轴式混凝土搅拌机		
		Y(液)	JSY	双卧轴式液压上料混凝土搅拌机		

(3)混凝土搅拌机的特点和适用范围。

各类搅拌机的特点及适用范围见表2-2,不同容量搅拌机的适用范围见表2-3。

表 2-2　　　　　　　　各类搅拌机的特点及适用范围

类　　型	特点及适用范围
周期性	周期性地进行装料、搅拌、出料,结构简单可靠,容易控制配合比及拌和质量,使用广泛
连续式	连续进行装料、搅拌、出料,生产率高,主要用于混凝土使用量很大的工程
自落式	由搅拌筒内壁固定叶片将物料带到一定高度,然后自由落下,周而复始,使其获得均匀搅拌。最适宜拌制塑性和半塑性混凝土
强制式	筒内物料由旋转轴上的叶片或刮板的强制作用而获得充分的拌和。拌和时间短、生产率高。适宜于拌制干硬性混凝土
固定式	通过机架地脚螺栓与基础固定。多装在搅拌楼或搅拌站上使用
移动式	装有行走机构,可随时拖运转移。应用于中小型临时工程
倾翻式	靠搅拌筒倾倒出料
非倾翻式	靠搅拌筒反转出料
犁式	搅拌筒可绕纵轴旋转搅拌,又可绕横轴回转装料、卸料。一般用于试验室小型搅拌机
锥式	多用于大中型搅拌机
鼓筒式	多用于中小型搅拌机
槽式	多为强制式。有单槽单搅拌轴和双槽双搅拌轴等,国内较少使用
盘式	是一种周期性垂直强制式搅拌机,国内较少采用

注:自落鼓筒式搅拌机,是我国最早生产和使用的搅拌机,由于性能指标比较落后,已于 1987 年被列为淘汰产品,但目前仍有部分工程在使用。

表 2-3　　　　　　　　　　不同容量搅拌机的适用范围

进料容量 /L	出料容量 /L	适用范围	进料容量 /L	出料容量 /L	适用范围
100	60	试验室制作混凝土试块	1200	750	大型工地、拆装式搅拌站和大型混凝土制品厂搅拌楼主机
240	150	修缮工程或小型工地拌制混凝土及砂浆	1600	1000	
320	200		2400	1500	大型堤坝和水工工程的搅拌楼主机
400	250	一般工地、小型移动式搅拌站和小型混凝土制品厂的主机	4800	3000	
560	350		—	—	—
800	500				

(4)混凝土搅拌机的使用注意事项。

①操作要点。新机使用前应按使用说明书的要求,对各系统和部件进行检验和必要的试运转,必须达到规定要求方能投入使用。

a. 移动式搅拌机的停放位置必须选择平整坚实的场地,周围应有良好的排水沟渠。

b. 搅拌机就位后,放下支腿将机架顶起,使轮胎离地。在作业期较长的地区使用时,应用垫木将机器架起,卸下轮胎和牵引杆,并将机器调平。

c. 料斗放到最低位置时,在料斗与地面之间应加一层缓冲垫木。

d. 接线前检查电源电压,电压升降幅度不得超过搅拌机电气设备规定的 5%。

e. 作业前应先进行空载试验,观察搅拌筒或叶片旋转方向是否与箭头所示方向一致,如方向相反,则应改变电动机接线。

反转出料的搅拌机,应使搅拌筒正反运转数分钟,看有无冲击抖动现象,如有异常噪声,应停机检查。

f. 搅拌筒或叶片运转正常后,再进行料斗提升试验,观察离合器、制动器是否灵活可靠。

g. 检查和校正供水系统的指示水量与实际水量是否一致,如误差超过 2%,应检查管道是否漏水,必要时应调整节流阀。

h. 每次加入的拌和料不得超过搅拌机规定值的 10%。为减少粘罐,加料的次序应为:粗骨料→水泥→砂子,或砂子→水泥→粗骨料。

i. 料斗提升时,严禁任何人在料斗下停留或通过。如必须在料斗下检修时,应将料斗提升后再用铁链锁住。

j. 作业过程不得检修、调整或加油,不得将砂、石等物料落入机器的传动机构内。

k. 搅拌过程不宜停车,如因故必须停车,在再次启动前应卸除荷载,不得带载启动。

l. 以内燃机为动力的搅拌机,在停机前先脱开离合器,停机后仍应合上离合器。

m. 如遇冰冻天气,停机后应将供水系统的积水放净,内燃机的冷却水也应放净。

n. 搅拌机在场内移动或远距离运输时,应将进料斗提升到上止点,并用保险铁链锁住。

o. 固定式搅拌机安装时,主机与辅机都应用水平尺校正水平。有气动装置的,风源气压应稳定在 0.6MPa 左右。作业时不得打开检修孔,入孔检修先把空气开关关闭,并派人监护。

②日常维护保养。

a. 每次作业后,清洗搅拌筒内外积灰。搅拌筒内与拌和料不接触部分,清洗完毕后涂上一层机油(全损耗损系统用油),便于下次清洗。

b. 移动式搅拌机的轮胎气压应保持在规定值,轮胎螺栓应旋紧。

c. 料斗钢丝绳如有松散现象,应排列整齐并收紧钢丝绳。

d. 用气压装置的搅拌机,作业后应将储气筒及分路盒内积水放出。

e. 按润滑部位及周期表进行润滑作业。

f. 清洗搅拌机的污水应引入指定地点,并进行处理,不准在机旁或建筑物附近任其自流。尤其冬季,严防搅拌机筒内和地面积水甚至结冰,应有防冻防滑防火措施。

③定期保养(周期 500h)。

a. 调整 V 带松紧度。检查并紧固钢板卡子螺栓。

b. 料斗提升钢丝绳磨损超过规定时,应予更换,如尚能使用,应进行除尘润滑。

c. 内燃搅拌机的内燃机部分应按内燃机保养有关规定执行。电动搅拌机应消除电器的积尘,并进行必要的调整。

d. 按照相应搅拌机说明书规定的润滑部位及周期进行润滑作业。

④使用注意事项。

a. 电动机应装设外壳或采取其他保护措施,防止水分和潮气侵入而损坏。电动机必须安装启动开关,速度由慢变快。

b. 开机后,经常注意搅拌机各部件的运转是否正常。停机时,经常检查搅拌机叶片是否打弯,螺钉是否掉落或松动。

c. 当混凝土搅拌完毕或预计停歇 1h 以上时,除将余料除净外,应用石子和清水倒入拌筒内,开机转动 5~10min,把粘在料筒上的砂浆冲洗干净后全部卸出。料筒内不得有积水,以免料筒和叶片生锈。同时还应清理搅拌筒外积灰,使机械保持清洁完好。下班后及停机不用时,将电动机保险丝取下。

3. 混凝土泵

(1)混凝土泵的类型及特点。

混凝土泵是通过管道依靠压力输送混凝土的施工设备,它能一次连续地完成水平输送和垂直输送,是现有混凝土输送设备中比较理想的一种。

预拌混凝土生产与泵送施工相结合,利用混凝土搅拌运输车进行中间运送,可实现混凝土的连续泵送和浇筑。这对于一些工地狭窄或有障碍物的施工现场,用其他输送设备难以直接靠近的施工工程,混凝土泵则更能有效地发挥其作用。而且泵送施工输送距离长,单位时间的输送量大,可以很好地满足高层建筑和混凝土量大的施工要求。

混凝土泵具有机械化程度高、效率高、占用人力少、劳动强度低和施工组织简单等优点,已经在国内外得到了广泛的应用。我国的混凝土泵送技术已迫近世界先进水平。

混凝土泵,按其构造和工作原理的不同,可以分为活塞式、挤压式、隔膜式及气罐式等几种类型,其中活塞式混凝土泵得到了最广泛的应用。

(2)混凝土泵的工作原理。

液压活塞式混凝土泵主要由料斗、混凝土缸、分配阀、液压控制系统和输送管等组成。通过液压控制系统使分配阀交替启闭。液压缸与混凝土缸连接,通过液压缸活塞杆的往复运动以及分配阀的协同动作,使两个混凝土缸轮流交替完成吸入与排出混凝土的工作过程。目前国内外均普遍采用液压活塞式混凝土泵。

(3)混凝土泵的组成与功用。

混凝土泵发展到今天,因电机功率、输送效率等的不同生产厂家对其详细分类已多达数百种,但其工作性质与原理基本相似。以下以中联重工的 HBT60 型混凝土泵为例,介绍其结构特点与泵送原理。

①结构组成。HBT60 型混凝土泵结构组成,见图 2-7。

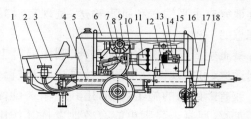

图 2-7　HBT60 型混凝土泵

1—分配机构;2—搅拌机构;3—料斗;4—机架;5—液压油箱;6—机罩;
7—液压系统;8—冷却系统;9—拖运桥;10—润滑系统;11—动力系统;
12—工具箱;13—清洗系统;14—电机;15—电气系统;16—软启动箱;
17—支地轮;18—泵送系统

②泵送系统,见图 2-8。

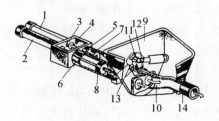

图 2-8　泵送系统

1、2—主液压缸;3—水箱;4—换向装置;
5、6—混凝土缸;7、8—活塞;9—料斗;
10—分配阀;11—摆臂;12、13—摆动液压缸;14—出料口

a.混凝土活塞 7、8 分别与主液压缸 1、2 的活塞杆连接,在主液压缸液压油作用下,作往复运动,一缸前进,则另一缸后退;混凝土缸出口与料斗连通,分配阀一端接出料口,另一端能过花键轴与摆臂连接,在摆动油缸作用下,可以左右摆动。

b.泵送混凝土料时,在主液压缸作用下,混凝土活塞 7 前进,混凝土活塞 8 后退,同时在摆动液压缸作用下,分配阀 10 与混凝土缸 5 连通,混凝土缸 6 与料斗连通。这样混凝土活塞 8 后退,便将料斗内的混凝土吸入混凝土缸,混凝土活塞 7 前进,将混凝土缸内混凝土料送入分配阀泵出。

c.当混凝土活塞 8 后退至行程终端时,触发水箱 3 中的换向装置 4,主液压缸 1、2 换向,同时摆动液压缸 12、13 换向,使分配阀 10 与混凝土缸 6 连通,混凝土缸 5 与料斗连通,这时活塞 7 后退,活塞 8 前进。反复循环,从而实现连续泵送。

d.反泵时,通过反泵操作,使处在吸入行程的混凝土缸与分配阀连通,处在推送行程的混凝土缸与料斗连通,从而将管道中的混凝土抽回料斗,见图 2-9。

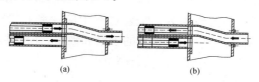

(a)　　　　　　　　　(b)

图 2-9　混凝土推行状态

(a)正泵状态;(b)反泵状态

e.泵送系统通过分配阀的转换完成混凝土的吸入与排出动作,因此分配阀是混凝土泵中的关键部件,其形式会直接影响到混凝土泵的性能。

(4)混凝土泵送前的准备工作。

①操作者及有关设备管理人员应仔细阅读使用说明书,掌

握其结构原理、使用和维护以及泵送混凝土的有关知识;使用及操作混凝土泵时,应严格按照使用说明书执行。因操作者能完全掌握机械性能需要有个过程,因此使用说明书应随机备用。同时,应根据使用说明书制订专门的操作要点,达到能有效地控制泵送技术中的一些可变因素,如泵机位置、管道布置等。

②支撑混凝土泵的地面应平坦、坚实,整机需水平放置,工作过程中不应倾斜。支腿应能稳定地支撑整机,并可靠地锁住或固定。泵机位置既要便于混凝土搅拌运输车的进出及向料斗进料,又要考虑有利于泵送布管以及减少泵送压力损失,同时要求距离浇筑地点近,供电、供水方便。

③应根据施工场地特点及混凝土浇筑方案进行配管,配管设计时要校核管道的水平换算距离是否与混凝土泵的泵送距离相适应。弯管角度一般为 15°、30°、45° 和 90° 四种,曲率半径分 1m 和 0.5m 两种(曲率半径较大的弯管阻力较小)。配管时应尽可能缩短管线长度,少用弯管和软管。输送管的铺设应便于管道清洗、故障排除和拆装维修。当新管和旧管混用时,应将新管布置在泵送压力较大处。配管过程中应绘制布管简图,列出各种管件、管卡、弯管和软管等的规格和数量,并提供清单。

④需垂直向上配管时,随着高度的增加即势能的增加,混凝土存在回流的趋势,因此应在混凝土泵与垂直配管之间敷设一定长度的水平管道,以保证有足够的阻力防止混凝土回流。当泵送高层建筑混凝土时,需垂直向上配管,此时其地面水平管长度不宜小于垂直管长度的1/4。如因场地所限,不能放置上述要求长度的水管时,可采用弯管或软管代替。

在垂直配管与水平配管相连接的水平配管一侧,宜配置一段软件包管。另外在垂直配管的下端应设置减振支座。垂直向上配管的形式见图 2-10。

⑤在混凝土泵送过程中,随着泵送压力的增大,泵送冲击力将迫使管来回移动,这不仅损耗了泵送压力,而且使泵管之间的连接部位处于冲击和间断受拉的状态,可导致管卡及胶圈过早受损、水泥浆溢出,因此必须对泵加以固定。

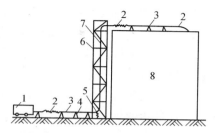

图 2-10　垂直向上的管路布置

1—泵车;2—软管;3—水平管;4—支架;
5—减振支座;6—管架;7—垂直管;8—建筑物

⑥混凝土泵与输送管连通后,应按混凝土泵使用说明书的规定进行全面检查,符合要求后方能开机进行空运转。空载运行 10min 后,再检查一下各机构或系统是否工作正常。

⑦混凝土的可泵性。

泵送混凝土应满足可泵性要求,必要时应通过试泵送确定泵送混凝土的配合比。

(5)泵送施工操作要点。

①混凝土泵启动后应先泵送适量水,以湿润混凝土泵的料斗、混凝土缸和输送管等直接与混凝土接触的部位。泵送水后再采用下列方法之一润滑上述部位。

a. 泵送水泥浆。

b. 泵送 1:2 的水泥砂浆。

c. 泵送除粗骨料外的其他成分配和比的水泥砂浆。

润滑用的水泥浆或水泥砂浆应分散布料,不得集中浇筑在同一地方。

②开始泵送时,混凝土泵应处于慢速、匀速运行的状态,然后逐渐加速。应同时观察混凝土泵的压力和各系统的工作情

况,待各系统工作正常后方可以正常速度泵送。

③混凝土泵送工作尽可能连续进行,混凝土缸的活塞应保持以最大行程运行,以便发挥混凝土泵的最大效能,并可使混凝土缸在长度方向上磨损均匀。

④混凝土泵若出现压力过高且不稳定、油温升高、输送管明显振动及泵送困难等现象时,不得强行泵送,应立即查明原因予以排除。可先用木槌敲击输送管的弯管、锥形管等部位,并进行慢速泵送或反泵,以防止堵塞。

⑤当出现堵塞时,应采取下列方法排除。

若堵塞不严重,重复进行反泵和正泵运行,逐步将混凝土吸出返回至料斗中,经搅拌后再重新泵送;若堵塞严重应首先用木槌敲击等方法查明堵塞部位,待混凝土击松后重复进行反泵和正泵运行,以排除堵塞。当上述两种方法均无效时,应在混凝土卸压后拆开堵塞部位,待排出堵塞物后重新泵送。

⑥泵送混凝土宜采用预拌混凝土,也可在现场设搅拌站供应泵送混凝土,但不得泵送手工搅拌的混凝土。对供应的混凝土应予以严格的控制,随时注意坍落度的变化,对不符合泵送要求的混凝土不允许入泵,以确保混凝土泵有效地工作。

⑦混凝土泵料斗上应设置筛网,并设专人监视进料,避免因直径过大的骨料或异物进入而造成堵塞。

⑧泵送时,料斗内的混凝土存量不能低于搅拌轴位置,以避免空气进入泵管引起管道振动。

⑨当混凝土泵送过程需要中断时,其中断时间不宜超过1h。并应每隔5～10min进行反泵和正泵运转,以防止管道中因混凝土泌水或坍落度损失过大而堵管。

⑩泵送完毕后,必须认真清洗料斗及输送管道系统。混凝土缸内的残留混凝土若清除不干净,将在缸壁上固化,当活塞再

次运行时,活塞密封面将直接承受缸壁上已固化的混凝土对其的冲击,导致推送活塞局部剥落。这种损坏不同于活塞密封的正常磨损,密封面无法在压力的作用下自我补偿,从而导致漏浆或吸空,引起泵送无力、堵塞等。

⑪当混凝土可泵性差或混凝土出现泌水、离析而难以泵送时,应立即对配合比、混凝土泵、配管及泵送工艺等进行研究,并采取相应措施解决。泵送高度和混凝土坍落度的关系见表2-4。

表 2-4　　　　　　　泵送高度和混凝土坍落度关系

泵送高度/m	30 以下	30~60	60~100	100 以上
坍落度/mm	100~140	140~160	160~180	180~200

(6)混凝土泵送季节性施工。

①在炎热季节施工时,宜用湿草袋、湿罩布等物覆盖混凝土输送管,以避免阳光直接照射,可防止混凝土因坍落度损失过快而造成堵管。

②在严寒地区的冬季进行混凝土泵送施工时,应采取适当的保温措施,宜用保温材料包裹混凝土输送管,防止管内混凝土受冻。

(7)混凝土泵的安全操作要点。

①料斗上的方格网在作业过程中不得随意移去。

②保证泵机各部分润滑良好。

③水箱无水时不得开机运转。

④寒冷冬季采取防冻措施。

⑤泵机运转时,严禁把手伸入料斗或用手抓握分配阀。若要在料斗或分配阀上工作时,应先关闭电动机和消除蓄能器压力。

⑥炎热季节要防止油温过高,如达到 70℃时,应停止运行。

寒冷季节要采取防冻措施。

⑦输送管路要固定、垫实。严禁将输送软管弯曲,以免爆炸。

⑧不得随意调整液压系统压力。

⑨气洗管路时,应将末节管子和其他管路中的弯管用索具固定,现场人员不得靠近出料管口及管路急弯处。压缩空气压力不得高于 0.7MPa,进气阀不宜立即开大,应先一开一关反复试气,只有当混凝土顺利排出时,才能把气阀开到最大。若发现管端不排料,应关闭进气阀,再缓缓打开排气阀,然后设法分段清洗。当清洗海绵球即将喷出管口瞬间,应发出信号警告现场人员。

⑩作业完毕后要释放蓄能器的压力。

4. 混凝土振动器

(1)混凝土振动器的作用及分类。

①混凝土振动器的作用。用混凝土搅拌机拌和好的混凝土浇筑构件时,必须排除其中气泡,进行捣固,使混凝土密实结合,消除混凝土的蜂窝麻面等现象,以提高其强度,保证混凝土构件的质量。混凝土振动器就是一种借助动力通过一定装置作为振源产生频繁的振动,并使这种振动传给混凝土,以振动捣实混凝土的设备。

②混凝土振动器的分类。混凝土振动器的种类繁多。按传递振动的方式分为内部振动器、外部振动器和表面振动器三种;按振动器的动力来源分为电动式、内燃式和风动式三种,以电动式应用最广;按振动器的振动频率分为低频式、中频式和高频式三种;按振动器产生振动的原理分为偏心式和行星式两种。

（2）混凝土内部振动器。

①适用范围及结构。

a.适用范围。混凝土内部振动器适用于各种混凝土施工，对于塑性、平塑性、干硬性、半干硬性以及有钢筋或无钢筋的混凝土捣实均能适用。

b.结构。混凝土内部振动器主要用于梁、柱、钢筋加密区的混凝土振动设备，常用的内部振动器为电动软轴插入式振动器，其结构见图2-11。

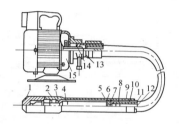

图 2-11　电动软轴插入式振动器结构

1—尖头；2—滚道；3—套管；4—滚锥；5—油封座；6—油封；7—大间隙轴承；
8—软轴接头；9—软管接头；10—锥套；11—软管；12—软轴；13—连接头；
14—防逆装置；15—电动机

②电动软轴行星插入式振动器。

a.特点。行星振动子是装在振动棒体内的滚锥在滚动，滚锥与滚道直径越接近，公转次数就越高，振动频率也相应提高。其主要特点是启动容易，生产率高，性能可靠，使用寿命长。

b.原理。电动软轴行星插入式振动器是利用振动棒中一端空悬的转轴旋转时，其下垂端的圆锥部分沿棒壳内的圆锥面滚动，从而形成滚动体的行星运动，以驱动棒体产生圆周振动，其结构见图2-12。

③电动软轴偏心插入式振动器。

a.特点。偏心振动子是装在振动棒体内的偏心轴旋转时产生的离心力造成振动,偏心轴的转速和振动频率相等。其主要特点是体积小、质量轻、转速高,不需防逆装置,结构简单。

b.原理。偏心振动子是利用振动棒中心安装的具有偏心质量的转轴在高速旋转时产生的离心力通过轴承传递给振动棒壳体,从而使振动棒产生圆周振动的,其结构见图2-13。

图 2-12　电动软轴行星插入式振动器　　图 2-13　电动软轴偏心插入式振动器

④技术性能。混凝土内部振动器的主要技术性能见表2-5。

表 2-5　　　　　　　混凝土内部振动器的主要技术性能

项目		型号				
		ZN35	ZN50	ZN70	ZX25-Ⅰ	ZX35-Ⅱ
振动棒	直径/mm	35	50	70	25	35
	频率(≥)/Hz	200	183	183	50	50
	振幅(≥)/mm	0.8	1	1.2	0.7	0.8
	质量/kg	3	5	8	4	5.5
软轴软管	软轴直径/mm	10	13	13	8	10
	软管直径/mm	30	36	36	24	30
	长度/mm	4000	4000	4000	600	600
电动机	功率/kW	1.1	1.1	1.5	0.6	0.6
	电压/V	380	380	380	220	220
	转速/r·min⁻¹	2840	2840	2840	—	—

⑤操作要点。

a.插入式振动器在使用前应检查各部件是否完好,各连接处是否紧固,电动机绝缘是否良好,电源电压和频率是否符合铭牌规定,检查合格后,方可接通电源、进行试运转。

b. 振动器的电动机旋转时,若软轴不转,振动棒不启振,系电动机旋转方向不对,可调换任意两相电源线即可;若软轴转动,振动棒不启振,可摇晃棒头或将棒头轻磕地面,即可启振。当试运转正常后,方可投入作业。

c. 作业时,要使振动棒自然沉入混凝土,不可用力猛往下推。一般应垂直插入,并插到下层尚未初凝层中 50~100mm,以促使上下层相互结合。

d. 振动时,要做到"快插慢拔"。快插是为了防止将表层混凝土先振实,与下层混凝土发生分层、离析现象。慢拔是为了使混凝土能来得及填满振动棒抽出时所形成的空间。

e. 振动棒各插点间距应均匀,一般间距不应超过振动棒有效作用半径的 1.5 倍。

f. 振动棒在混凝土内振密的时间,一般每插点振密 20~30s,见到混凝土不再显著下沉,不再出现气泡,表面泛出水泥浆和外观均匀为止。如振密时间过长,有效作用半径虽然能适当增加,但总的生产率反而降低,而且还可能使振动棒附近混凝土产生离析,这对塑性混凝土更为重要。此外,振动棒下部振幅要比上部大,故在振密时,应将振动棒上下抽动 5~10cm,使混凝土振密均匀。

g. 作业中要避免将振动棒触及钢筋、芯管及预埋件等,更不得采取通过振动棒振动钢筋的方法来促使混凝土振密。否则就会因振动而使钢筋位置变动,还会降低钢筋与混凝土之间的黏结力,甚至会发生相互脱离,这对预应力钢筋影响更大。

h. 作业时,振动棒插入混凝土的深度不应超过棒长的 2/3~3/4。否则振动棒将不易拔出而导致软管损坏,更不得将软管插入混凝土中,以防砂浆被浸蚀及渗入软管而损坏机件。

i. 振动器在使用中如温度过高,应即停机冷却检查,如机件故障,要及时进行修理。冬季低温下,振动器作业前,要采取缓慢加温,使棒体内的润滑油解冻后,方能作业。

⑥安全操作要点。

a. 插入式振动器电动机电源上,应安装漏电保护装置,熔断器选配应符合要求,接地应安全可靠。电动机未接地线或接地不良者,严禁开机使用。

b. 振动器操作人员应掌握一般安全用电知识,作业时应穿戴好胶鞋和绝缘橡皮手套。

c. 工作停止移动振动器时,应即停止电动机转动;搬动振动器时,应切断电源。不得用软管和电缆线拖拉、扯动电动机。

d. 电缆上不得有裸露之处,电缆线必须放置在干燥、明亮处,不允许在电缆线上堆放其他物品,以及车辆在其上面直接通过,更不能用电缆线吊挂振动器等物。

e. 作业时,振动棒软管弯曲半径不得小于规定值;软管不得有断裂。若软管使用过久,长度变长时,应及时进行修复或更换。

f. 振动器启振时,必须由操作人员掌握,不得将启振的振动棒平放在钢板或水泥板等坚硬物上,以免振坏。

g. 严禁用振动棒撬拔钢筋和模板,或将振动棒当锤使用;操作时勿使振动棒头夹到钢筋里或其他硬物中而造成损坏。

h. 作业完毕后,应将电动机、软管、振动棒擦拭干净,按规定要求进行保养作业。振动器存放时,不要堆压软管,应平直放好,以免变形,并应防止电动机受潮。

(3)混凝土表面振动器。

①特点及适用范围。混凝土表面振动器有多种,其中最常用的是平板式表面振动器。平板式表面振动器是将它直接放在

混凝土表面上,见图 2-14,振动器 2 产生的振动波通过与之固定的振动底板 1 传给混凝土。由于振动波是从混凝土表面传入,故称表面振动器。工作时由两人握住振动器的手柄 4,根据工作需要进行拖移。它适用于大面积、厚度小的混凝土,如混凝土预制构件板、路面、桥面等。

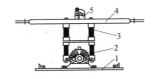

图 2-14　平板式表面
振动器结构
1—振动底板;2—振动器;
3—减振弹簧;4—手柄;5—控制器

②技术性能。平板振动器主要技术性能见表 2-6。

表 2-6　　　　　　　平板振动器主要技术性能

项目		型号					
		ZF_5	ZF_{11}	ZF_{15}	ZF_{20}	ZF_{22}	$ZB_{5.5}$
振动频率/次·min^{-1}		2980	2850	2850	2850	2850	2850
振动力/kN		5	4.3	6.3	10~17.6	6.3	0~5.5
电动机	功率/kW	1.1	1.1	1.5	3	2.2	0.55
	电压/V	380	380	380	380	380	380
	转速/r·min^{-1}	2850	2850	2850	2850	2850	2850

③使用要点。

a. 使用时,应将混凝土浇灌区划分若干排。依次成排平拉慢移,顺序前进,移动间距应使振动器的平板能覆盖已振捣完混凝土的边缘 500mm 左右,以防止漏振。

b. 振捣倾斜混凝土表面时,应由低处逐渐向高处移动,以保证混凝土振实。

c. 平板振动器在每一位置上振捣持续时间,以混凝土停止下沉并往上泛浆,或表面平整并均匀出现浆液为度,一般在

25～40s范围内为宜。

d. 平板振动器的有效作用深度,在无筋及单层配筋平板中约为200mm,在双层配筋平板中约为120mm。

e. 大面积混凝土楼面,可将1～2台振动器安在两条木杠上,通过木杠的振动使混凝土密实。

(4)振动台。

①构造及适用范围。

a. 混凝土振动台通常用来振动混凝土预制构件。装在模板内的预制品置放在与振动器连接的台面上,振动器产生的振动波通过台面与模板传给混凝土预制品,其外形结构见图2-15。

图2-15　混凝土振动台

b. 振动台是由上部框架、下部框架、支承弹簧、电动机、齿轮箱、振动子等组成。上部框架为振动台台面,它通过螺旋弹簧支承在下部框架上,电动机通过齿轮箱将动力等速反向地传给固定在台面下的两行对称偏心振动子,其振动力的水平分力任何时候都相平衡,而垂直分力则相叠加,因而只产生上下方向的定向振动,有效地将模板内的混凝土振动成型。

c. 混凝土外部振动器适用于大批生产空心板、壁板及厚度不大的梁柱构件等成型设备。

②技术性能。振动台的主要技术性能见表2-7。

表 2-7　　　　　　　　　　振动台的主要技术性能

项目	型号						
	SZT-0.6×1	SZT-1×1	HZ9-1×2	HZ9-1×4	HZ9-1.5×4	HZ9-1.5×6	HZ9-2.4×6.2
振动频率/次·min⁻¹	2850	2850	2850	2850	2940	2940	1470~2850
激振力/kN	4.52~13.16	4.52~13.16	14.6~30.7	22.0~49.4	63.7~98.0	85~130	150~230
振幅/mm	0.3~0.7	0.3~0.7	0.3~0.9	0.3~0.7	0.3~0.8	0.3~0.8	0.3~0.7
电动机功率/kW	1.1	1.1	7.5	7.5	22	22	25

③操作要点。

a. 振动台是一种强力振动成型设备,应安装在牢固的基础上,地脚螺栓应有足够强度并拧紧。同时在基础中间必须留有地下坑道,以便调整和维修。

b. 使用前要进行检查和试运转,检查机件是否完好,所有紧固件特别是轴承座螺栓、偏心块螺栓、电动机和齿轮箱螺栓等,必须紧固牢靠。

c. 振动台不宜空载长时间运转。作业中必须安置牢固可靠的模板并锁紧夹具,以保证模板及混凝土和台面一起振动。

d. 齿轮因承受高速重负荷,故需要有良好的润滑和冷却。齿轮箱内油面应保持在规定的水平面上,工作时温升不得超过 70℃。

e. 应经常检查各类轴承并定期拆洗更换润滑油。作业中要注意检查轴承温升,发现过热应停机检修。

f. 电动机接地应良好可靠,电源线与线接头应绝缘良好,不得有破损漏电现象。

g. 振动台台面应经常保持清洁平整，使其与模板接触良好。由于台面在高频重载下振动，容易产生裂纹，必须注意检查，及时修补。

④操作注意事项。

a. 当构件厚度小于 200mm 时，可将混凝土一次装满振捣，如厚度大于 200mm 时，则宜分层浇灌，每层厚度不大于 200mm，或随加料摊平随振捣。

b. 振捣时间根据混凝土构件的形状、大小及振动能力而定，一般以混凝土表面呈水平并出现均匀的水泥浆和不再冒气泡表示已振实，即可停止振捣。

二、钢筋机械

钢筋机械是用于钢筋原材料、配料加工和成型加工的机械。现场常用钢筋机械类组划分表，见表 2-8。

表 2-8　　　　　　　现场常用钢筋机械类组划分表

类	组	产品名称
钢筋机械	钢筋加工机械	钢筋弯曲机
		钢筋调直剪切机
		钢筋切断机
	钢筋强化机械	钢筋冷拉机
		钢筋冷拔机
	钢筋连接机械	钢筋冷挤压连接机
		钢筋对焊机
		钢筋螺纹成型机
	钢筋预应力机械	预应力钢丝拉伸设备

1. 钢筋调直剪切机

(1)钢筋调直机构造。

钢筋调直剪切机构造见图 2-16。

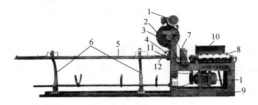

图 2-16　钢筋调直剪切机构造图

1—电机；2—切断行轮；3—曲轴总成；4—切断总成；5—滑道；
6—滑道支架；7—送丝压滚总成；8—调直总成；9—机器立体；
10—机器护罩；11—滑道限位锁片；12—滑道拉簧

(2)工作原理。

①盘料架系承载被调直的盘圆钢筋的装置，当钢筋的一端进入主机调直时，盘料架随之转动，机停转动停。

②调直机构由调直筒和调直块组成，调直块固定在调直筒上，调直筒转动带动调直块一起转动，它们之间相对位置可以调整，借助于相对位置的调整来完成钢筋调直。

③钢筋牵引由一对带有沟槽的压辊组成，在扳动手柄时，两压辊可分可离，手轮可调压辊的压紧力，以适应不同直径的钢筋。钢筋切断机构主要由锤头和方刀台组成，锤头上下运动，方刀台水平运动，内部装有上下切刀，当方刀台移动至锤头下面时，上切刀被锤头砸下与下切刀形成剪刀，钢筋被切断。

④承料架由三段组成，每段 2m，上部装有拉杆定尺机构，保证被切钢筋定尺，下部可承接被切钢筋。

⑤电机及控制系统电路全部安装在机座内，通过转换开关，

控制电机正反转,使钢筋前进或倒退。

⑥由电动机通过皮带传动增速,使调直筒高速旋转,穿过调直筒的钢筋被调直,并由调直模清除钢筋表面的锈皮。由电动机通过另一对减速皮带传动和齿轮减速箱,一方面驱动两个传送压辊,牵引钢筋向前运动,另一方面带动曲柄轮,使锤头上下运动。

⑦当钢筋调直到预定长度,锤头锤击上刀架,将钢筋切断,切断的钢筋落入承料架时,由于弹簧作用,刀台又回到原位,完成一个循环。其工作原理见图2-17。

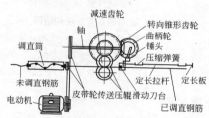

图 2-17　钢筋调直机工作原理图

（3）钢筋调直剪切机的技术性能。

以某品牌钢筋调直剪切机为例,主要技术性能见表2-9。

表 2-9　　　　　　　　钢筋调直剪切机主要技术性能

型号	GT1.6/4	GT3/8	GT6/12	GT5/17	LGT4/8	LGT6/14	WGT10/16
钢筋公称直径 /mm	1.6～4	3～8	6～12	5～7	4～8	6～14	10～16
钢筋抗拉强度 /MPa	650	650	650	1500	800	800	1000
切断长度 /mm	300～ 8000	300～ 8000	300～ 8000	300～ 8000	300～ 8000	300～ 8000	300～ 8000

型号	GT1.6/4	GT3/8	GT6/12	GT5/17	LGT4/8	LGT6/14	WGT10/16
切断长度误差 /mm	1	1	1	1	1	1.5	1.5
牵引速度 /(m/min)	20～30	40	30～50	30～50	40	30～50	20～30
调直筒转速 /(r/min)	2800	2800	1900	1900	2800	1450	1450

(4)钢筋调直剪切机的操作要点。

机器安装完毕试调直过程中,应对调整部分进行试调,试调工作必须由专业技术人员完成,以便使加工出的钢筋满足使用要求。钢筋调直机的局部构造见图2-18。

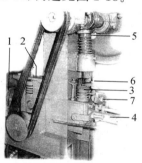

图2-18 钢筋调直机局部构造图

1—调直滚;2—牵引轮;3—切刀;4—跑道;

5—冲压主轴;6—下料开口时间调节丝;

7—下料开口大小调节丝

①调直块的调整。

a.调直筒内有五个与被调钢筋相适应的调直块,一般调整第三个调直块,使偏移中心线3mm,见图2-19(a)。若试调钢筋仍有慢弯，可加大偏移量，钢筋拉伤严重，可减小偏移量。

b. 对于冷拉的钢料，特别是弹性高的，建议调直块 1、5 在中心线上，3 向一方偏移，2、4 向 3 的反方向偏移，见图 2-19(b)。偏移量由试验确定，达到调出钢筋满意为止，长期使用调直块要磨损，调直块的偏移量相应增大，磨损严重时需更换。

②压辊的调整与使用。

a. 本机有两对压辊可供调不同直径钢筋时使用，对于四槽压辊，如用外边的槽，将压辊垫圈放在外边；如用里边的槽，要将压辊垫圈装在压辊的背面或将压辊翻转。入料前将手柄 4 转向虚线位置，此时抬起上压辊，把被调料前端引入压辊间，而后手柄转回 4，再根据被调钢筋直径的大小，旋紧或放松手轮 6 来改变两辊之间的压紧力，见图 2-20。

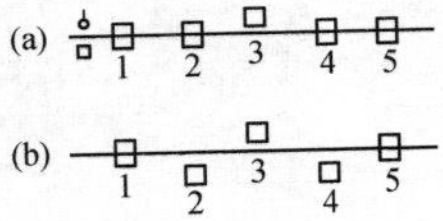

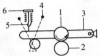

(a)
1
2
3
4
5
(b)
1
2
3
4
5

图 2-19　调直块调整示意图

6
4
1
3
5
2

图 2-20　压辊调整机结构图

1—上压辊；2—下压辊；3—框架；4—手柄；5—压簧；6—手轮

b. 一般要求两轮之间的夹紧力要能保证钢筋顺利地被牵引，看不见料有明显的转动，而在切断的瞬间，钢筋在压辊之间有明显的打滑现象为宜。

③上下切刀间隙调整。

上下切刀间隙调整是在方刀台没装入机器前进行的，见图 2-21。上切刀 3 安装在刀架 2 上，下切刀装在机体上，刀架又在锤头的作用下可上下运动，与

2
1
3
6
5
4
7

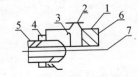

图 2-21　方刀台总成示意图

1—方刀台；2—刀架；3—上切刀；4—锁母；5—下切刀；6—拉杆；7—钢筋

固定的下切刀对钢筋实现切断,旋转下切刀可调整两刀间隙,一般是保证两刀口靠得很近,而上切刀运动时又没有阻力,调好后要旋紧下切刀的锁紧螺母。

④承料架的调整和使用。

a. 根据钢筋直径确定料槽宽度,若钢筋直径大时,将螺钉松开,移动下角板向左,料槽宽度加大,反之则小,一般料槽宽度比钢筋直径大 15%~20%。

b. 支承柱旋入上角板后,用被调钢筋插入料槽,沿着料槽纵向滑动,要能感到阻力,钢筋又能通过,试调中钢筋能从料槽中由左向右连续挤出为宜,否则重调,然后将螺母锁紧。

c. 定尺板位置按所需钢筋长度而定,如果支承柱或拉杆托块防碍定尺板的安装,可暂时取下。

d. 定尺切断时拉杆上的弹簧要施加预压力,以保证方刀能可靠弹回为准,对粗料同时用三个弹簧,对细料用其中一个或两个,预压力不足能引起连切,预压力过大可能出现在切断时被顶弯,或者压辊过度拉伤钢筋。

e. 每盘料开头一段经常不直,进入料槽后,容易卡住,所以应用手动机构切断,并从料槽中取出。每盘料末尾一段要高度注意,最好缓慢送入调直筒,以防折断伤人。

(5)钢筋调直剪切机的保养与维修。

①保证传动箱内有足够的润滑油,定期更换。

②调直筒两端用干油润滑,定期加油。锤头滑块部位每班加油一次,方刀台导轨面要每班加一次油。

③盘料架上部孔定期加干油,承料架托块每班要加润滑油。

④定期检查锤头和切刀状态,如有损坏及时更换。

⑤不要打开皮带罩和调直筒罩开车,以防发生危险。

⑥机器电气部分要装有接地线。

⑦调直剪切机在使用过程中若出现故障一般由专业人员进行检修处理,在本书中只作一般介绍,见表2-10。

表2-10　　　　　钢筋调直剪切机故障产生原因及排除方法

故障	产生原因	排除方法
方刀台被顶出导航	牵引力过大 料在料槽中运动阻力过大	减小压辊压力 调整支承柱旋入量,调整偏移量,提高调直质量,加大拉杆弹簧预压外力
连切现象	拉杆弹簧预紧力小 压辊力过大 料槽阻力大	加大预紧力 排除方法同方刀台被顶出导航
调前未定尺寸从料槽落下	支承柱旋入短	调整支承柱
钢筋不直	调直块偏移量小	加大偏移量
钢筋表面拉伤	压辊压力过大 调直块偏移量过大 调直块损坏	减小压力 减小偏移量 更换调直块
弯丝	根据产品说明书描述	调正调直块角度,看调直器与压滚槽、切断总成是否在一条直线上
出现断丝	根据产品说明书描述	调直块角度过大,切断总成上压簧变软,刀退不回,送丝滚上的压簧过松,材质不好
跑丝	根据产品说明书描述	压滚拉簧过紧,滑道拉簧过松,滑道下边拖丝钢辊不到位,滑道不滑动
出现短节	根据产品说明书描述	滑道与主机拉簧过松,调整拉簧
机器出现振动	根据产品说明书描述	调整调直块的平衡度

2. 钢筋切断机

(1)钢筋切断机的构造及原理。

①钢筋切断机是用来把钢筋原材料或已调直的钢筋切断，其主要类型有机械式、液压式和手持式，机械式钢筋切断机有偏心轴立式、凸轮式和曲柄连杆式等形式，常见的为曲柄连杆式钢筋切断机。

②曲柄连杆式钢筋切断机又分开式(见图2-22)、半开式及封闭式三种，它主要由电动机、曲柄连杆机构、偏心轴、传动齿轮、减速齿轮及切断刀等组成。曲柄连杆式钢筋切断机由电动机驱动三角皮带轮，通过减速齿轮系统带动偏心轴旋转。偏心轴上的连杆带动滑块和活动刀片在机座的滑道中作往复运动，配合机座上的固定刀片切断钢筋。

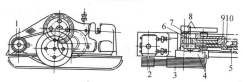

图2-22　曲柄连杆开式钢筋切断机结构示意图
1—电机；2、3—皮带轮；4、8—减速齿轮；5—固定刀；
6—连杆；7—偏心轴；9—滑块；10—活刀

(2)钢筋切断机的操作要点。

①接送料的工作台面应和切刀下部保持水平，工作台的长度可根据加工材料长度决定。

②启动前，必须检查切刀无裂纹，刀架螺栓紧固，防护罩牢靠。然后用于转动皮带轮，检查齿轮啮合间隙，调整切刀间隙。

③启动后，先空运转，检查各传动部分及轴承运转正常后，方可作业。

④机械未达到正常转速时,不可切料。切料时,必须使用切刀的中、下部位,紧握钢筋,对准刃口迅速投入。应在固定刀片一侧握紧并压住钢筋,以防钢筋末端弹出伤人。严禁用两手分在刀片两边握住钢筋俯身送料。

⑤不得剪切直径及强度超过机械铭牌规定的钢筋或烧红的钢筋。一次切断多根钢筋时,其总截面积应在规定范围内。

⑥剪切低合金钢时,应更换高硬度切刀,剪切直径应符合铭牌规定。

⑦切断短料时,手和切刀之间的距离应保持在 150mm 以上,如手握端小于 400mm 时,应采用套管或夹具将钢筋短头压住或夹牢。

⑧运转中,严禁直接清除切刀附近的断头和杂物,钢筋摆动周围和切刀周围不得停留非操作人员。

⑨发现机械运转不正常、有异常或切刀歪斜等情况,应立即停机检修。

⑩作业后,切断电源,用钢刷清除切刀间的杂物,进行整机清洁润滑。

(3)钢筋切断机的故障及排除。

钢筋切断机常见故障及排除方法见表 2-11。

表 2-11 钢筋切断机常见故障及排除方法

故障	原因	排除方法
剪切不顺利	刀片安装不牢固,刀口损伤	紧固刀片或修磨刀口
	刀片侧间隙过大	调整间隙
切刀或衬刀打坏	一次切断钢筋太多	减少钢筋数量
	刀片松动	调整垫铁,拧紧刀片螺栓
	刀片质量不好	更换
切细钢筋时切口不直	切刀过钝	更换或修磨
	上、下刀片间隙太大	调整间隙

续表

故障	原因	排除方法
轴承及连杆瓦发热	润滑不良,油路不通	加油
	轴承不清洁	清洗
连杆发出撞击声	铜瓦磨损,间隙过大	研磨或更换轴瓦
	连接螺栓松动	紧固螺栓

3. 钢筋弯曲机

钢筋弯曲机是将钢筋弯曲成所要求的尺寸和形状的设备。

(1)钢筋弯曲机的构造及原理。

常用的台式钢筋弯曲机按传动方式分为机械式和液压式两类,机械式钢筋弯曲机又分涡轮式和齿轮式。

①涡轮式钢筋弯曲机。

a.见图 2-23 所示为 GW-40 型涡轮式钢筋弯曲机的结构,主要由电动机 11、涡轮箱 6、工作圆盘 9、孔眼条板 12 和机架 1等组成。

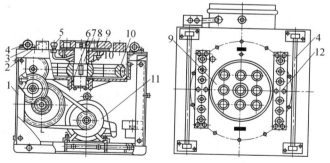

图 2-23　GW-40 型涡轮式钢筋弯曲机

1—机架;2—工作台;3—插座;4—滚轴;5—油杯;6—涡轮箱;

7—工作主轴;8—立轴承;9—工作圆盘;10—涡轮;11—电动机;12—孔眼条板

b. 图 2-24 为 GW-40 型钢筋弯曲机的传动系统。

c. 电动机 1 经 V 带 2、齿轮 6 和 7、齿轮 8 和 9、涡杆 3 和涡轮 4 传动,带动装在涡轮轴上的工作盘 5 转动。工作盘上一般有 9 个轴孔,中心孔用来插心轴,周围的 8 个孔用来插成形轴。当工作盘转动时,心轴的位置不变,而成形轴围绕着心轴作圆弧运动,通过调整成形轴位置,即可将被加工的钢筋弯曲成所需要的形状。更换相应的齿轮,可使工作盘获得不同转速。

d. 钢筋弯曲机的工作过程见图 2-25。将钢筋 5 放在工作盘 4 上的心轴 1 和成型轴 2 之间,开动弯曲机使工作盘转动,由于钢筋一端被挡铁轴 3 挡住,因而钢筋被成型轴推压,绕心轴进行弯曲,当达到所要求的角度时,自动或手动使工作盘停止,然后使工作盘反转复位。如要改变钢筋弯曲的曲率,可以更换不同直径的心轴。

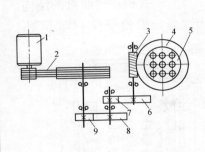

图 2-24　传动系统

1—电动机;2—V 带;3—涡杆;4—涡轮;
5—工作盘;6、7—配换齿轮;8、9—齿轮

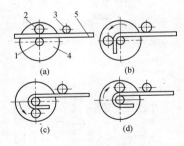

图 2-25　工作过程

(a)装料;(b)弯 90°;(c)弯 180°;(d)回位

1—心轴;2—成型轴;3—挡铁轴;

4—工作盘;5—钢筋

②齿轮式钢筋弯曲机。

见图 2-26 所示为齿轮式钢筋切断机,主要由机架、工作台、调节手轮、控制配电箱、电动机和减速器等组成。

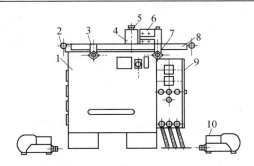

图 2-26　齿轮式钢筋切断机

1—机架；2—滚轴；3、7—调节手轮；4—转轴；

5—紧固手轮；6—夹持器；8—工作台；

9—控制配电箱；10—电动机

齿轮式钢筋弯曲机全部采用自动控制。工作台上左右两个插入座可通过手轮无级调节,并与不同直径的成形轴及挡料装置相配合,能适应各种不同规格的钢筋弯曲成形。

(2)钢筋弯曲机的技术性能。

钢筋弯曲机技术性能主要包括如下参数:弯曲钢筋直径(mm)、固定速比、挂轮速比、工作盘转速(r/min)、电动机、功率(kW)、控制电器、外形尺寸(mm)、整机质量(kg)等。其性能参数见表 2-12。

表 2-12　　　　　　　钢筋弯曲机主要技术性能

类别	弯曲机				
型号	GW32	GW40A	GW40B	GW40D	GW50A
弯曲钢筋直径/mm	6~32	6~40	6~40	6~40	6~50
工作盘直径/mm	360	360	350	360	360
工作盘转速/(r/min)	10/20	3.7/14	3.7/14	6	6

（3）钢筋弯曲机的操作要点。

①操作前，应对机械传动部分、各工作机构、电动机接地以及各润滑部位进行全面检查，进行试运转，确认正常后，方可开机作业。

②钢筋弯曲机应设专人负责，非工作人员不得随意操作；严禁在机械运转过程中更换心轴、成形轴、挡铁轴；加注润滑油、保养工作必须在停机后方可进行。

③挡铁轴的直径和强度不能小于被弯钢筋的直径和强度；未经调直的钢筋，禁止在钢筋弯曲机上弯曲；作业时，应注意放入钢筋的位置、长度和回转方向，以免发生事故。

④倒顺开关的接线应正确，使用符合要求，必须按指示牌上"正转→停→反转"转动，不得直接由"正转→反转"而不在"停"位停留，更不允许频繁交换工作盘的旋转方向。

⑤工作完毕，要先将开关扳到"停"位，切断电源，然后整理机具，钢筋堆码应在指定地点，清扫铁锈等污物。

（4）钢筋弯曲机的维护及故障排除。

①维护要点。

a. 按规定部位和周期进行润滑减速器的润滑，冬季用 HE-20 号齿轮油，夏季用 HL-30 号齿轮油。传动轴轴承、立轴上部轴承及滚轴轴承冬季用 ZG-1 号润滑脂润滑，夏季用 ZG-2 号润滑脂润滑。

b. 连续使用三个月后，减速箱内的润滑油应及时更换。

c. 长期停用时，应在工作表面涂装防锈油脂，并存放在室内干燥通风处。

②故障排除。钢筋弯曲机常见故障及排除方法见表 2-13。

表 2-13　　　　　　　　钢筋弯曲机常见故障及排除方法

故障现象	故障原因	排除方法
弯曲的钢筋角度不合适	运用中心轴和挡铁轴不合理	按规定选用中心轴和挡铁轴
弯曲大直径钢筋时无力	传动带松弛	调整带的紧度
弯曲多根钢筋时,最上面的钢筋在机器开动后跳出	钢筋没有把住	将钢筋用力把住并保持一致
立轴上部与轴套配合处发热	润滑油路不畅,有杂物阻塞,不过油	清除杂物
	轴套磨损	更换轴套
传动齿轮噪声大	齿轮磨损	更换磨损齿轮
	弯曲的直径大,转速太快	按规定调整转速

(5)钢筋弯曲机的安全操作要点。

①工作台和弯曲工作盘台应保持水平,操作前应检查心轴、成型轴、挡铁轴、可变挡架有无裂纹或损坏,防护罩牢固可靠,经空运转确认正常后,方可作业。

②操作时要熟悉倒顺开关控制工作盘旋转的方向,钢筋旋转要和挡架、工作盘旋转方向相配合,不得放反。

③改变工作盘旋转方向时必须在停机后进行,即从正转→停→反转,不得直接从正转→反转或从反转→正转。

④弯曲机运转中严禁更换心成型轴和变换角度及调速,严禁在运转时加油或清扫。

⑤弯曲钢筋时,严禁超过该机对钢筋直径、根数及机械转速的规定。

⑥严禁在弯曲钢筋的作业半径内和机身不设固定销的一侧站人。弯曲好的钢筋应堆放整齐,弯钩不得朝上。

4.钢筋冷拉机

钢筋冷拉机是对热轧钢筋在正常温度下进行强力拉伸的机械。冷拉是把钢筋拉伸到超过钢材本身的屈服点,然后放松,以使钢筋获得新的弹性阶段,提高钢筋强度(20%～25%)。通过冷拉不但可使钢筋被拉直、延伸,而且还可以起到除锈和检验钢材的作用。

常用的冷拉机械有阻力轮式、卷扬机式、丝杠式、液压式等。以下介绍卷扬机式钢筋冷拉机和阻力轮式钢筋冷拉机。

(1)卷扬机式钢筋冷拉机。

①构造及原理。卷扬机式钢筋冷拉工艺是目前普遍采用的冷拉工艺。它具有适应性强,可按要求调节冷拉率和冷拉控制应力;冷拉行程大,不受设备限制,可冷拉不同长度和直径的钢筋;设备简单、效率高、成本低。

卷扬机式钢筋冷拉机构造,见图 2-27,它主要由卷扬机、滑轮组、地锚、导向滑轮、夹具和测力装置等组成。

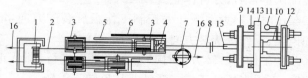

图 2-27 卷扬机式钢筋冷拉机

1—卷扬机;2—传动钢丝绳;3—滑轮组;4—夹具;5—轨道;6—标尺;
7—导向轮;8—钢筋;9—活动前横梁;10—千斤顶;11—油压表;
12—活动后横梁;13—固定横梁;14—台座;15—夹具;16—地锚

工作时,由于卷筒上传动钢丝绳是正、反穿绕在两副动滑轮组上,因此当卷扬机旋转时,夹持钢筋的一副动滑轮组被拉向卷扬机,使钢筋被拉伸;而另一副动滑轮组则被拉向导向滑轮,为下次冷拉时交替使用。钢筋所受的拉力经传力杆、活动横梁传送给测力装置,从而测出拉力的大小。对于拉伸长度,可通过标尺直接测量或用行程开关来控制。

②技术性能。卷扬机式钢筋冷拉机的主要技术性能见表 2-14。

表 2-14　　　　　　　卷扬机式钢筋冷拉机主要技术性能

项目	粗钢筋冷拉	细钢筋冷拉
卷扬机型号规格	JM5(5t 慢速)	JM3(3t 慢速)
滑轮直径及门数	计算确定	计算确定
钢丝绳直径/mm	24	15.5
卷扬机速度/(m/min)	小于 10	小于 10
测力器形式	千斤顶式测力器	千斤顶式测力器
冷拉钢筋直径/mm	12～36	6～12

③操作要点。

a. 应根据冷拉钢筋的直径,合理选用卷扬机。卷扬钢丝绳应经封闭式导向滑轮并和被拉钢筋水平方向成直角。卷扬机的位置应使操作人员能见到全部冷拉场地,卷扬机与冷拉中线距离不得少于 5m。

b. 冷拉场地应在两端地锚外侧设置警戒区,并应安装防护栏及警告标志。无关人员不得在此停留。操作人员在作业时必须离开钢筋 2m 以外。

c. 用配重控制的设备应与滑轮匹配,并应有指示起落的记号,没有指示记号时应有专人指挥。配重框提起时高度应限制在离地面 300mm 以内,配重架四周应有栏杆及警告标志。

d. 作业前,应检查冷拉夹具,夹齿应完好,滑轮、拖拉小车应润滑灵活,拉钩、地锚及防护装置均应齐全牢固。确认良好后,方可作业。

e. 卷扬机操作人员必须看到指挥人员发出信号,并待所有人员离开危险区后方可作业。冷拉应缓慢、均匀。当有停车信号或见到有人进入危险区时,应立即停拉,并稍稍放松卷扬钢丝绳。

f. 用延伸率控制的装置,应装设明显的限位标志,并应有专人负责指挥。

g. 夜间作业的照明设施,应装设在张拉危险区外。当需要装设在场地上空时,其高度应超过3m。灯泡应加防护罩,导线严禁采用裸线。

h. 作业后,应放松卷扬钢丝绳,落下配重,切断电源,锁好开关箱。

(2)阻力轮式钢筋冷拉机。

阻力轮式冷拉机的构造见图2-28。它由支承架、阻力轮、电动机、变速箱、绞轮等组成。主要适用于冷拉直径为6～8mm的盘圆钢筋,冷拉率为6%～8%。若与两台调直机配合使用,可加工出所需长度的冷拉钢筋。阻力轮式冷拉机,是利用一个变速箱,其出头轴装有绞轮,由电动机带动变速箱高速轴,使绞轮随着变速箱低速轴一同旋转,强力使钢筋通过4个或6个不在一条直线上的阻力轮,将钢筋拉长。绞轮直径一般为550mm。

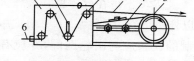

图2-28 阻力轮式钢筋冷拉设备示意图

1—阻力轮;2—钢筋;3—绞轮;

4—变速箱;5—调节槽;6—钢筋;7—支撑架

阻力轮是固定在支承架上的滑轮,直径为 100mm,其中一个阻力轮的高度可以调节,以便改变阻力大小,控制冷拉率。

5.钢筋对焊机

钢筋对焊机有 UN、UN1、UNs、UNg 等系列。钢筋对焊常用的是 UN1 系列,这种对焊机专用于电阻焊接或闪光焊接低碳钢、有色金属等,按其额定功率不同,有 UN1-25、UN1-75、UN1-100 型杠杆加压式对焊机和 UN1-150 型气压自动加压式对焊机等。以下重点介绍 UN1 系列对焊机。

(1)钢筋对焊机的构造。

UN1 系列对焊机构造,见图 2-29,主要由焊接变压器、固定电极、移动电极、送料机构(加压机构)、水冷却系统及控制系统等组成。左右两电极分别通过多层铜皮与焊接变压器次级线圈的导体连接,焊接变压器的次级线圈采用循环水冷却。在焊接处的两侧及下方均有防护板,以免熔化金属溅入变压器及开关中。焊工须经常清理防护板上的金属溅沫,以免造成短路等故障。

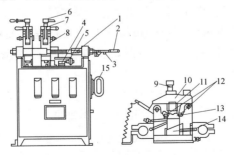

图 2-29　UN1 系列对焊机构造示意图

1—调节螺栓;2—操纵杆;3—按钮;4—行程开关;5—行程螺栓;6—手柄;

7—套钩;8—电极座;9—夹紧螺栓;10—夹紧臂;11—上钳口;

12—下钳口紧固螺栓;13—下钳口;14—下钳口调节螺杆;15—插头

①送料机构。送料机构能够完成焊接中所需要的熔化及挤压过程,它主要包括操纵杆、可动横架、调节螺丝等,当将操纵杆在两极位置中移动时,可获得电极的最大工作行程。

②开关控制。按下按钮,此时接通继电器,使交流接触器吸合,于是焊接变压器接通。移动操纵杆,可实施电阻焊或闪光焊。当焊件因塑性变形而缩短,达到规定的顶锻留量,行程螺栓触动行程开关使电源自动切断。控制电源由次级电压为 36V 的控制变压器供电,以保证操作者的人身安全。

③钳口(电极)。左右电极座 8 上装有下钳口 13、杠杆式夹紧臂 10、夹紧螺丝 9,另有带手柄的套钩 7,用以夹持夹紧臂。下钳口为铬锆铜,其下方为借以通电的铜块,由两楔形铜块组成,用以调节所需的钳口高度。楔形铜块的两侧由护板盖住,图 2-29 拆去了铜护板。

④电气装置。焊接变压器为铁壳式,其初级电压为 380V,变压器初级线圈为盘式绕组,次级绕组为三块周围焊有铜水管的铜板并联而成,焊接时按焊件大小选择调节级数,以取得所需要的空载电压。变压器至电极由多层薄铜片连接。焊接过程通电时间的长短,可由焊工通过按钮开关及行程开关控制。

上述开关控制中间继电器,由中间继电器使接触器接通或切断焊接电源。

(2)钢筋对焊机的主要技术性能。

UN1 系列钢筋对焊机的主要技术性能见表 2-15。

表 2-15 　　　　　　　UN1 系列钢筋对焊机主要技术性能表

型号	单位	UN1-25	UN1-40	UN1-75	UN1-100	UN1-150
额定容量	kV·A	25	40	75	100	150
初级电压	V	380	380	380	380	380

续表

型号	单位	UN1-25	UN1-40	UN1-75	UN1-100	UN1-150
负载持续率	%	20	20	20	20	20
次级电压调节范围	V	3.28～5.13	4.3～6.5	4.3～7.3	4.5～7.6	7.04～11.5
次级电压调节级数	级	8	8	8	8	8
额定调节级数	级	7	7	7	7	7
最大顶锻力	kN	10	25	30	40	50
钳口最大距离	mm	35	60	70	70	70
最大送料行程	mm	15～20	25	30	40～50	50
低碳钢额定焊接截面	mm²	260	380	500	800	1000
低碳钢最大焊接截面	mm²	300	460	600	1000	1200
焊接生产率	次/h	110	85	75	30	30
冷却水消耗量	L/h	400	450	400	400	400
质量	kg	300	375	445	478	550
外形尺寸	长	mm	1590	1770	1770	1770	1770
	宽	mm	510	655	655	655	655
	高	mm	1370	1230	1230	1230	1230

（3）钢筋对焊机安装使用方法。

①UN1-25 型对焊机为手动偏心轮夹紧机构。其底座和下电极固定在焊机座板上,当转动手柄时,偏心轮通过夹具上板对焊件加压,上下电极间距离可通过螺钉来调节。当偏心轮松开时,弹簧使电极压力去掉。

②UN1 系列其他型号对焊机先按焊件的形状选择钳口,如焊件为棒材,可直接用焊机配置钳口;如焊件异型,应按焊件形状定做钳口。

③调整钳口,使钳口两中心线对准,将两试棒放于下钳口定位槽内,观看两试棒是否对应整齐,如能对齐,对焊机即可使用;如对不齐,应调整钳口。调整时先松开紧固螺栓 12,再调整调节螺杆 14,并适当移动下钳口,获得最佳位置后,拧紧紧固螺栓 12。

④按焊接工艺的要求,调整钳口的距离。当操纵杆在最左端时,钳口(电极)间距应等于焊件伸出长度与挤压量之差;当操纵杆在最右端时,电极间距相当于两焊件伸出长度,再加 2～3mm(即焊前之原始位置),该距离调整由调节螺栓 1 获得。焊接标尺可帮助您调整参数。

⑤试焊。在试焊前为防止焊件的瞬间过热,应逐级增加调节级数。在闪光焊时须使用较高的次级空载电压。闪光焊过程中有大量熔化金属溅沫,焊工须戴深色防护眼镜。

低碳钢焊接时,最好采用闪光焊接法。在负载持续率为 20％时,可焊最大的钢件截面技术数据见表 2-15。

⑥钳口的夹紧动作如下。

a. 先用手柄 6 转动夹紧螺栓 9,适当调节上钳口 11 的位置。

b. 把焊件分别插入左右两上下钳口间。

c. 转动手柄,使夹紧螺栓夹紧焊件。焊工必须确保焊件有足够的夹紧力,方能施焊,否则可能导致烧损机件。

⑦焊件取出动作如下。

a. 焊接过程完成后,用手柄松开夹紧螺栓。

b. 将套钩 7 卸下,则夹紧臂受弹簧的作用而向上提起。

c. 取出焊件,拉回夹紧臂,套上套钩,进行下一轮焊接。

焊工也可按自己习惯装卡工件,但必须保证焊前工件夹紧。

⑧闪光焊接法。碳钢焊件的焊接规范可参考下列数据。

a. 电流密度:烧化过程中,电流密度通常为 $6\sim25\mathrm{A/mm^2}$,

较电阻焊时所需的电流密度低 20%～50%。

b. 焊接时间：在无预热的闪光焊时，焊接时间视焊件的截面及选用的功率而定。当电流密度较小时，焊接时间即延长，通常约为 2～20s 左右。

c. 烧化速度：烧化速度决定于电流密度，预热程度及焊件大小，在焊接小截面焊件时，烧化速度最大可为 4～5mm/s，而焊接大截面时，烧化速度则小于 2mm/s。

d. 顶锻压力：顶锻压力不足，可能造成焊件的夹渣及缩孔。在无预热闪光焊时，顶锻压力应为 5～7kg/mm²。而预热闪光焊时，顶锻压力则为 3～4 kg/mm²。

e. 顶锻速度：为减少接头处金属的氧化，顶锻速度应尽可能的高，通常等于 15～30mm/s。

（4）钢筋对焊机的维护与保养

UN1 系列对焊机的维护与保养见表 2-16。

表 2-16　　　　　　UN1 系列对焊机的维护与保养

保养部位	保养工作技术内容	维护保养方法	保养周期
整机	擦拭外壳灰尘	擦拭	每日一次
	传动机构润滑	向油孔注油	每月一次
	机内清除飞溅物，灰尘	用铁铲去除飞溅物，用压缩气体吹除灰尘	每月一次
变压器	经常检查水龙头接头，防止漏水，使变压器受潮	勤检查，发现漏水迹象及时排除	每日一次
	而次绕组与软铜带连接螺钉松动	拧紧松动螺钉	每季一次
	闪光对焊机要定期清理溅落在变压器上的飞溅物	消除飞溅堆积物	每月一次

续表

保养部位	保养工作技术内容	维护保养方法	保养周期
电压调节开关	焊机工作时不许调节	焊机空载时可以调节	列入操作规程
	插座应插入到位	插入开关时应用力插到位,插不紧应检修刀夹	每月一次
	开关接线螺钉防止松动	发现松动应紧固螺钉	每月一次
电极(夹具)	焊件接触面应保持光洁	清洁,磨修	每日一次
	焊件接触面勿粘连铁迹	磨修或更换电极	每日一次
水路系统	无冷却水不得使用焊机	先开水阀后开焊机	列入操作规程
	保证水路通畅	发现水路堵塞及时排除	每季一次
	出水口水温不得过高	加大水流量,保持进水口水温不高手30℃,出水口温度不高于45℃	每日检查
	冬季要防止水路结冰,以免水管冻裂	每日用完焊机应用压缩空气将机内存水吹除干净	冬季执行
接触器	主触点要防止烧损	研磨修理或更换触点	每季一次
	绕组接线头防止断线、掉头和松动	接好断线掉头处,拧紧松动的螺丝	每季一次

(5)钢筋对焊机的检修。

对焊机检修应在断电后进行,检修应由专业电工进行。

①按下控制按钮,焊机不工作。

a. 检查电源电压是否正常。

b. 检查控制线路接线是否正常。

c. 检查交流接触器是否正常吸合。

d. 检查主变压器线圈是否烧坏。

②松开控制按钮或行程螺栓触动行程开关,变压器仍然工作。

a. 检查控制按钮、行程开关是否正常。

b. 检查交流接触器、中间继电器衔铁是否被油污粘连不能断开,造成主变压器持续供电。

③焊接不正常,出现不应有飞溅。

a. 检查工件是否不清洁,有油污,锈痕。

b. 检查丝杆压紧机构是否能压紧工件。

c. 检查电极钳口是否光洁,有无铁迹。

④下钳口(电极)调节困难。

a. 检查电极、调整块间隙是否被飞溅物阻塞。

b. 检查调整块,下钳口调节螺杆是否烧损、烧结,变形严重。

⑤不能正常焊接交流,接触器出现异常响声。

a. 焊接时测量交流接触器进线电压是否低于自身释放电压 300V。

b. 检查引线是否太细太长,压降太大。

c. 检查网络电压是否太低,不能正常工作。

d. 检查主变压器是否有短路,造成电流太大。

e. 根据检查出来的故障部位进行修理、换件、调整。

(6)钢筋对焊机安全操作。

①工作人员应熟知对焊机焊接工艺过程。

a. 连续闪光焊:连续闪光、顶锻,顶锻后在焊机上通电加热处理。

b. 预热闪光焊:一次闪光、烧化预热、二次闪光、顶锻。

②操作人员必须熟知所用机械的技术性能(如变压器级数、最大焊接截面、焊接次数、最大顶锻力、最大送料行程)和主要部件的位置及应用。

③操作人员应会根据机械性能和焊接物选择焊接参数。

④焊件准备:清除钢筋端头 120mm 内的铁锈、油污和灰尘。

如端头弯曲则应整直或切除。

⑤对焊机应安装在室内并应有可靠的接地（或接零），多台对焊机安装在一起时，机间距离至少要在 3m 以上。分别接在不同的电源上。每台均应有各自的控制开关。开关箱至机身的导线应加保护套管。导线的截面应不小于规定的截面面积。

⑥操作前应对焊机各部件进行检查。

a. 压力杠杆等机械部分是否灵活。

b. 各种夹具是否牢固。

c. 供电、供水是否正常。

⑦操作场所附近的易燃物应清除干净，并备有消防设备。操作人员必须戴防护镜和手套，站立的地面应垫木板或其他绝缘材料。

⑧操作人员必须正确地调整和使用焊接电流，使与所焊接的钢筋截面相适应。严禁焊接超过规定直径的钢筋。

⑨断路器的接触点应经常用砂纸擦拭，电极应定期锉光。二次电路的全部螺栓应定期拧紧，以免发生过热现象。

⑩冷却水温度不得超过 40℃，排水量应符合规定要求。

⑪较长钢筋对焊时应放在支架上。随机配合搬运钢筋的人员应注意防止火花烫伤。搬运时，应注意焊接处烫手。

⑫焊完的半成品应堆码整齐。

⑬闪光区内应设挡板，焊接时禁止其他人员入内。

⑭冬季焊接工作完毕后，应将焊机内的冷却水放净，以免冻坏冷却系统。

6. 钢筋气压焊机具

(1)钢筋气压焊工艺简介。

钢筋气压焊，是采用一定比例的氧-乙炔焰为热源，对需要接头的两钢筋端部接缝处进行加热烘烤,使其达到热塑状态,同时对钢筋施加 30～40MPa 的轴向压力,使钢筋顶锻在一起。

钢筋气压焊分敞开式和闭式两种。前者是将两根钢筋端面稍加离开,加热到熔化温度,加压完成的一种办法,属熔化压力焊;后者是将两根钢筋端面紧密闭合,加热到 1200～1250℃,加压完成的一种方法,属固态压力焊。目前常用的方法为闭式气压焊,其机理是在还原性气体的保护下,加热钢筋,使其发生塑性流变后相互紧密接触,促使端面金属晶体相互扩散渗透,再结晶、再排列,进而形成牢固的对焊接头。

这项工艺不仅适用于竖向钢筋的连接,也适用于各种方向布置的钢筋的连接。适用于 HPB235、HRB335 级钢筋,其直径为 14～40mm。当不同直径钢筋焊接时,两钢筋直径差不得大于 7mm。另外,热轧 HRB400 级钢筋中的 20MnSiV、20MnTi 亦适用,但不包括含碳量、含硅量较高的 25MnSi。

(2)钢筋气压焊设备。

钢筋气压焊设备主要包括氧气和乙炔供气装置、加热器、加压器及钢筋卡具等,见图 2-30。辅助设备包括用于切割钢筋的砂轮锯、磨平钢筋端头的角向磨光机等,下面分别介绍。

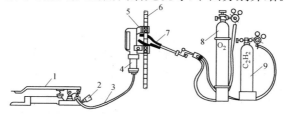

图 2-30　钢筋气压焊设备工作示意

1—脚踏液压泵;2—压力表;3—液压胶管;4—油缸;5—钢筋卡具;
6—被焊接钢筋;7—多火口烤钳;8—氧气瓶;9—乙炔瓶

①供气装置。

供气装置包括氧气瓶、溶解乙炔气瓶（或中压乙炔发生器）、干式回火防止器、减压器、橡胶管等。溶解乙炔气瓶的供气能力，必须满足现场最粗钢筋焊接时的供气量要求，若气瓶供气不能满足要求时，可以并联使用多个气瓶。

a. 氧气瓶是用来储存、运输压缩氧（O_2）的钢瓶，常用容积为 40L，储存氧气 $6m^3$，瓶内公称压力为 14.7MPa。

b. 乙炔气瓶是储存、运输溶解乙炔（C_2H_2）的特殊钢瓶，在瓶内填满浸渍丙酮的多孔性物质，其作用是防止气体爆炸及加速乙炔溶解于丙酮的过程。瓶的容积 40L，储存乙炔气为 $6m^3$，瓶内公称压力为 1.52MPa。乙炔钢瓶必须垂直放置，当瓶内压力减低到 0.2MPa 时，应停止使用。氧气瓶和溶解乙炔气瓶的使用，应遵照《气瓶安全监察规程》的有关规定执行。

c. 减压器是用于将气体从高压降至低压，设有显示气体压力大小的装置，并有稳压作用。减压器按工作原理分正作用和反作用两种，常用的有如下两种单级反作用减压器：①QD-2A型单级氧气减压器，高压额定压力为 15MPa，低压调节范围为 0.1～1.0MPa；②QD-2O 型单级乙炔减压器，高压额定压力为 1.6MPa，低压调节范围为 0.01～0.15MPa。

d. 回火防止器是装在燃料气体系统防止火焰向燃气管路或气源回烧的保险装置，分水封式和干式两种。其中水封式回火防止器常与乙炔发生器组装成一体，使用时一定要检查水位。

e. 乙炔发生器是利用电石（主要成分为 CaC_2）中的主要成分碳化钙和水相互作用，以制取乙炔的一种设备。使用乙炔发生器时应注意，每天工作完毕应放出电石渣，并经常清洗。

②加热器。加热器由混合气管和多火口烤钳组成，一般称为多嘴环管焊炬。为使钢筋接头处能均匀加热，多火口烤钳设

计成环状钳形,见图 2-31,并要求多束
火焰燃烧均匀,调整方便。其火口数
与焊接钢筋直径的关系见表 2-17。

表 2-17 加热器火口数与焊接钢筋直径的关系

焊接钢筋直径/mm	火口数
$\phi22\sim\phi25$	6～8
$\phi26\sim\phi32$	8～10
$\phi33\sim\phi40$	10～12

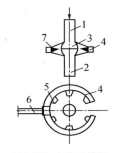

图 2-31 多火口烤钳
1—上钢筋;2—下钢筋;
3—镦粗区;4—环形加热器;
(火钳);5—火口;
6—混气管;7—火焰

③加压器。加压器由液压泵、压
力表、液压胶管和油缸四部分组成。
在钢筋气压焊接作业中,加压器作为
压力源,通过连接夹具对钢筋进行顶锻,施加所需要的轴向
压力。

液压泵分手动式、脚踏式和电动式三种。

④钢筋卡具(或称连接钢筋夹具)。由可动和固定卡子组
成,用于卡紧、调整和压接钢筋用。

连接钢筋夹具应对钢筋有足够握力,确保夹紧钢筋,并便于
钢筋的安装定位,应能传递对钢筋施加的轴向压力,确保在焊接
操作中钢筋不滑移,钢筋头不产生偏心和弯曲,同时不损伤钢筋
的表面。

7.竖向钢筋电渣压力焊机具

(1)特点及适用范围。

钢筋电渣压力焊属于熔化压力焊,它是利用电流通过两根
钢筋端部之间产生的电弧热和通过渣池产生的电阻热将钢筋端
部熔化,然后施加压力使钢筋焊接为一体的方法。这种方法具
有施工简便、生产效率高、节约电能、节约钢材、接头质量可靠、

成本较低的特点。主要用于现浇钢筋混凝土结构中竖向或斜向（倾斜度在 4：1 范围内）钢筋的连接。

竖向钢筋电渣压力焊是一种综合焊接技术，它具有埋弧焊、电渣焊、压力焊三种焊接方法。焊接开始时，首先在上、下两钢筋端之间引燃电弧，使电弧周围焊剂熔化形成空穴，随后在监视焊接电压的情况下，进行"电弧过程"的延时，利用电弧热量，一方面使电弧周围的焊剂不断熔化，以使渣池形成必要的深度；另一方面使钢筋端面逐渐烧平，为获得优良接头创造条件。接着将上钢筋端部潜入渣池中，电弧熄灭，进行"电渣过程"的延时，利用电阻热使钢筋全断面熔化并形成有利于保证焊接质量的端面形状。最后，在断电的同时迅速进行挤压，排除全部熔渣和熔化金属，形成焊接接头，见图 2-32。

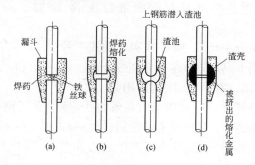

图 2-32 电渣压力焊工艺过程
（a）引弧引燃过程；（b）造渣过程；（c）电渣过程；（d）挤压过程

钢筋电渣压力焊接一般适用于 HPB235、HRB335 级直径为 14～40mm 的钢筋的连接。

（2）焊机分类。

目前的焊机种类较多，大致分类如下：

①按整机组合方式分类。

a.分体式焊机。包括焊接电源(包括电弧焊机)、焊接夹具、控制系统和辅件(焊剂盒、回收工具等几部分)。此外,还有控制电缆、焊接电缆等附件。其特点是便于充分利用现有电弧焊机,节省投资。

b.同体式焊机。将控制系统的电气元件组合在焊接电源内,另配焊接夹具、电缆等。其特点是可以一次投资到位,购入即可使用。

②按操作方式分类。

a.手动式焊机。由焊工操作。这种焊机由于装有自动信号装置,又称半自动焊机,见图2-33和图2-34。

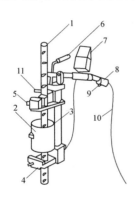 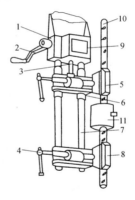

图2-33　杠杆式单柱焊接机头示意
1—钢筋;2—焊剂盒;3—单导柱;
4—下夹头;5—上夹头;6—手柄;
7—监控仪表;8—操作手把;9—开关;
10—控制电缆;11—插座

图2-34　丝杠传动式双柱焊接机头示意
1—齿轮箱;2—手柄;3—升降丝杠;
4—夹紧装置;5—上夹头;6—导管;
7—双导柱;8—下夹头;9—操作盒;
10—钢筋;11—熔剂盒

b.自动式焊机。这种焊机可自动完成电弧、电渣及顶压过程,可以减轻焊工劳动强度,但电气线路较复杂,自动焊机卡具构造见图2-35。

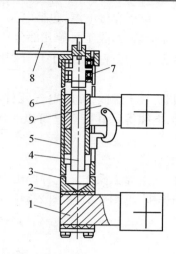

图2-35 自动焊机卡具构造示意

1—下卡头；2—绝缘层；3—支柱；4—丝杠；5—传动螺母；6—滑套；

7—推力轴承；8—伺服电动机；9—上卡头

（3）焊接电源。

可采用额定焊接电源为500A或500A以上的弧焊电源（电弧焊机）作为焊接电源，交流或直流均可。焊接电源的次级空载电压应较高，便于引弧。

焊机的容量，应根据所焊钢筋直径选定。常用的交流弧焊机有 BX3-500-2、BX3-650、BX2-700、BX2-1000 等，也可选用 JSD-600 型或 JSD-1000 型专用电源（表2-18）；直流弧焊电源，可用 ZX5-630 型晶闸管弧焊整流器或硅弧焊整流器。

（4）焊接夹具。

由立柱、传动机构、上下夹钳、焊剂（药）盒等组成，并装有监控装置，包括控制开关、次级电压表、时间指示灯（显示器）等。

夹具的主要作用是夹住上下钢筋，使钢筋定位同心；传导焊接电流;确保焊药盒直径与钢筋直径相适应,便于装卸焊药;装有便于准确掌握各项焊接参数的监控装置。

表 2-18 电渣压力焊电源性能指标

项目	单位	JSD-600		JSD-1000	
电源电压	V	380		380	
相数	相	3		3	
输入容量	kV·A	45		76	
空载电压	V	80		78	
负载持续率	%	60	35	60	35
初级电流	A	116		196	
次级电流	A	600	750	1000	1200
次级电压	V	22～45		22～45	
可焊接钢筋直径	mm	14～32		22～40	

(5)控制箱。

它的作用是通过焊工操作(在焊接夹具上揿按钮),使弧焊电源的初级线路接通或断开。

(6)焊剂。

焊剂(焊药)采用高锰、高硅、低氢型 HJ431 焊剂,其作用是使熔渣形成渣池,使钢筋接头良好,并保护熔化金属和高温金属,避免氧化、氮化作用的发生。使用前必须经 250℃ 烘烤 2h。落地的焊剂可以回收,并经 5mm 筛子筛去熔渣,再经铜笼筛筛一遍后烘烤 2h,最后再用铜笼筛筛一遍,才能与新焊剂混合使用。

焊剂盒可制成合瓣圆柱体,下部为锥体,见图 2-36。锥体口直径(d_2)可按表 2-19 选用。

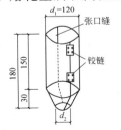

图 2-36 焊剂(药)盒
(单位:mm)

表 2-19 焊剂盒下锥体口尺寸

焊接钢筋直径/mm	d_2/mm
40	46
32	36
28	32

8.全自动钢筋电渣焊机

全封闭自动钢筋电渣焊配有竖向和横向卡具,可一机多用,既可用于钢筋竖向焊接,亦可用于钢筋水平方向焊接,并实现钢筋焊接过程自动化控制。其特点是操作简便,焊接过程全自动程序控制,不受人为因素影响;焊接卡具为全封闭结构,防尘、防砂,环境适应能力强;钢筋焊接端部无需进行任何处理;焊接卡具采用 28V 低压直流电动机驱动,并设有上、下极限位置自动保护装置,工作安全性好;焊机控制电路设有过压、过流、挤压和熄弧等自动保护措施,一台控制箱可带 4～6 个卡具连续操作,生产效率高。

(1)设备组成。

全封闭自动钢筋电渣焊机的设备组成见图 2-37、图 2-38、表 2-20。

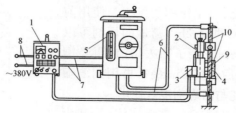

图 2-37 全自动钢筋竖向电渣焊机示意
1—控制箱;2—焊接卡具;3—控制盒;4—焊剂盒;5—电焊机;6—焊钳电缆;
7—控制箱输出电缆;8—电源电缆;9—焊剂;10—被焊钢筋

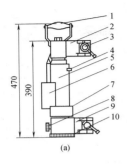 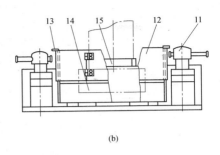

图 2-38　卡具结构示意

(a)竖向焊接卡具；(b)横向焊接卡具

1—把手；2—上卡头；3—紧固螺栓；4—焊剂盒插口；5—电动机构；

6—控制盒插座；7—下钢筋限位标记；8—下卡头顶丝；9—下卡头；

10—端盖；11—横向卡具、卡头和基座；12—焊剂盒；13—挡板；

14—铜模；15—横焊立管

表 2-20　　　　　　全封闭自动钢筋电渣焊机的设备组成

项目名称	数量	项目名称	数量
全自动钢筋电渣焊机控制箱	1 台	焊把线电缆（用户自备）（线芯 $S=70\text{mm}^2$、$L=20\text{m}$）	1 刷（2 根）
带电缆控制盒	1 套 20m	电源电缆（用户自备）（$S=16\text{mm}^2$）	1 刷（2 根）
钢筋卡具（竖向和横向）	各 1 套（含焊剂盒、铲、钳）	普通电焊机（用户自备）（630A 左右）	1 台
控制箱输出电缆	1 刷（2 根）		

(2)技术性能。

全封闭自动钢筋电渣焊机基本技术性能见表 2-21。

表 2-21　　　　　　　全封闭自动钢筋电渣焊机基本技术性能

项目名称		指标	项目名称		指标
额定输入电压/V		380	夹头的提升力和挤压力/kN		不小于 15
额定输入电流/A		小于 140	焊剂		HJ431
焊接工作电压/V		20～40	焊剂消耗/g・头$^{-1}$		200
焊接工作电流/A		350～700	焊接时间/s・头$^{-1}$	竖向	不大于 50
焊接钢筋直径	竖向/mm	$\phi16～\phi36$		横向	不大于 110
	横向/mm	$\phi16～\phi32$（建议应用范围 $\phi16～\phi25$）	钢筋消耗/mm・头$^{-1}$		20～30
			工作半径/m		20
上夹头行程/mm		不小于 70	配用焊机		BX3-630A

注：①工作环境温度为 $-10～+50℃$。

②工作方式为断续工作制，卡具每次焊接间隔时间不小于 5min。

③不允许雨天使用。

（3）焊机的配电设备和线路技术要求。

①工地供电变压器的容量要大于 100kV・A，若与塔吊等用电设备共用时，变压器的容量还要相应加大，以保证焊机工作的正常供电，电源电压波动范围不应超出焊机配电的技术要求。

②从配电盘至电焊机的电源线，其导线截面面积应大于 16mm²；若电源线长度大于 100m 时，其导线截面面积应大于 20mm²，以避免线路压降过大。

③焊钳电缆导线（焊把线）截面面积应大于 70mm²，电源线和焊钳电缆的接线头与导线连接要压实焊牢，并紧固在配电盘和电焊机的接线柱上。

④配电盘上的空气保险开关和漏电保护开关的额定电流均应大于 150A。

⑤交流 380V 电源电缆和控制箱至卡具控制电缆的走线位置要选择好，以防止工地上金属模板或其他重物砸坏电缆；若配

电盘、电焊机和卡具相距较近时,电缆应拉开放置,不能盘成圆盘。

⑥电焊机和控制箱都要接地线,并接地良好。

(4)焊接机具使用要点。

①焊接机具应由专人使用和管理。使用人员应有上岗证书,非专业人员不得擅自操作。

②机具必须经试运转,调整正常后,才可正式使用。

③机具的电源部分要妥加保护,防止因操作不慎使钢筋和电源接触;不允许两台焊机使用一个电源闸刀。

④焊机必须有接地装置,其入土深度应在冻土线以下,地线的电阻不应大于4Ω。操作前要检查接地状态是否正常。停止工作或检查、调整焊接变压级次时,应将电源切断。对焊机及点焊机工作地点宜铺设木地板。

⑤操作时要穿防护工作服,在闪光焊区应设铁皮挡板。

⑥大量焊接生产时,焊接变压器不得超负荷工作,变压器温度不要超过60℃。

⑦焊接工作房应用防火材料搭建。冬季施工时,棚内要采暖以防止对焊机内冷却水冻结。

9. 钢筋挤压连接机

(1)带肋钢筋套筒径向挤压连接机具。

带肋钢筋套筒径向挤压连接工艺是采用挤压机将钢套筒挤压变形,使之紧密地咬住变形钢筋的横肋,实现两根钢筋的连接,见图2-39。它适用于任何直径变形钢筋的连接,包括同径和异径(当套筒两端外径和壁厚相同时,被连接钢筋的直径相差不应大于5mm)钢筋。适用于直径为16～40mm的HPB235、HRB400级带肋钢筋的径向挤压连接。设备主要由挤压机、超高压泵站、平衡器、吊挂小车等组成,见图2-40。

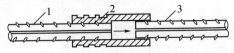

图2-39　带肋钢筋套筒径向挤压连接
1—已挤压的钢筋;2—钢套筒;3—未挤压的钢筋

①YJ-32型挤压机。

a.可用于直径为25～32mm变形钢筋的挤压连接。该机由于采用双作用油路和双作用油缸体,所以压接和回程速度较快。但机架宽度较小,只可用于挤压间距较小(但净距必须大于60mm)的钢筋。YJ-32型挤压机构造见图2-41。

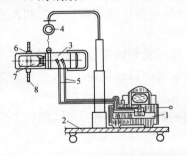

图2-40　带肋钢筋径向挤压连接设备示意
1—超高压泵站;2—吊挂小车;3—挤压机;
4—平衡器;5—超高压软管;6—钢套筒;
7—模具;8—钢筋

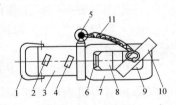

图2-41　YJ-32型挤压机构造示意
1—手把;2—进油口;3—缸体;
4—回油口;5—吊环;6—活塞;7—机架;
8、9—压模;10—卡板;11—链条

b.其主要技术性能如下:额定工作油压力108MPa;额定压力650kN;工作行程50mm;挤压一次循环时间不大于10s;外形尺寸130mm×160mm(机架宽)×426mm;自重约28kg。该机的动力源(超高压泵站)为二级定量轴向柱塞泵,输出油压为31.38～122.8MPa,连续可调。它设有中、高压两级自动转换装置,在中压范围内输出流量可达 2.86dm³min,使挤压机在中压范围内进入返程有较快的速度。当进入高压或超高压范围内,中压泵自动卸荷,用超高压的压力来保证足够的压接力。

②YJ650 型挤压机。

a.用于直径 32mm 以下变形钢筋的挤压连接,其构造见图 2-42。

b.其主要技术性能如下:额定压力 650kN;外形尺寸 144mm × 450mm;自重 43kg。

c.该机液压源可选用 ZB0.6/630 型油泵,额定油压 63MPa。

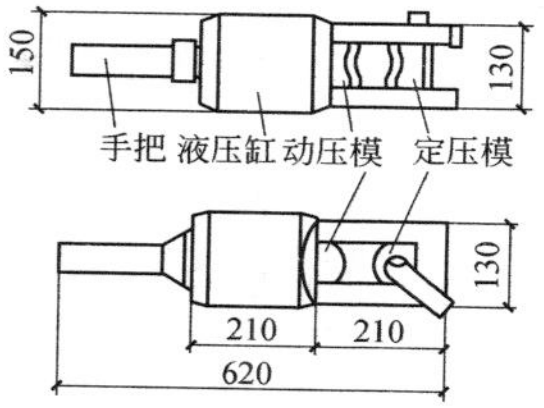

图 2-42　YJ650 型挤压机构造示意

③YJ800 型挤压机。

a.用于直径 32mm 以上变形钢筋的挤压连接。

b.其主要技术性能如下:额定压力 800kN;外形尺寸 170mm×468mm;自重 55kg。

c.该机液压源可选用 ZB4/500 高压油泵,额定油压为 50MPa。

④YJH-25 型、YJH-32 型和 YJH-40 型径向挤压设备。

其性能见表 2-22。

表 2-22　　　　　　　钢筋径向挤压设备主要技术参数

设备组成	项目	设备型号及技术参数		
		YJH-25	YJH-32	YJH-40
压接钳	额定压力/MPa	80	80	80
	额定挤压力/kN	760	760	900
	外形尺寸/mm	φ150×433	φ150×480	φ170×530
	质量/kg	23 (不带压模)	27 (不带压模)	34 (不带压模)

设备组成	项目	设备型号及技术参数		
		YJH-25	YJH-32	YJH-40
压模	可配压模型号	M18、M20、M22、M25	M20、M22、M25、M28、M32	M32、M36、M40
	可连接钢筋的直径/mm	$\phi18$、$\phi20$、$\phi22$、$\phi25$	$\phi20$、$\phi22$、$\phi25$、$\phi28$、$\phi32$	$\phi32$、$\phi36$、$\phi40$
	质量/kg·副$^{-1}$	5.6	6	7
超高压泵站	电动机	输入电压:380V,50Hz(220V,60Hz) 功率:1.5kW		
	高压泵	额定压力:80MPa 高压流量:0.8L/min		
	低压泵	定额压力:2.0MPa 低压流量:4.0~6.0L/min		
	外形尺寸(长×宽×高)/mm×mm×mm	790×540×785		
	质量/kg	96		
	油箱容积/L	20		
超高压软管	额定压力/MPa	100		
	内径/mm	6.0		
	长度/m	3.0(5.0)		

注:电动机项目中括号内的数据为出口型用。

⑤平衡器。平衡器是一种辅助工具,它利用卷簧张紧力的变化进行平衡力调节。利用平衡器吊挂挤压机,将平衡重量调节到与挤压机重量一致或稍大时,使挤压机在任何位置均达到平衡,即操作人员手持挤压机处于不需承受重力状态,在被挤压的钢筋接头附近的空间进行挤压施工作业,从而大大减轻了操作人员的劳动强度,提高挤压效率。

⑥吊挂小车。吊挂小车底盘下部有四个轮子,超高压泵放

在车上,将挤压机和平衡器吊于挂钩下。这样,靠吊挂小车移动进行操作。

(2)带肋钢筋套筒轴向挤压连接机具。

钢筋轴向挤压连接,是采用挤压机和压模对套筒和插入的两根对接钢筋,沿其轴线方向进行挤压,使套筒咬合到变形钢筋的肋间,结合成一体,见图2-43。与钢筋径向挤压连接相同,适用于同直径或相差一个型号直径的钢筋连接。

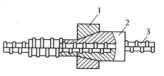

图2-43 钢筋轴向挤压连接
1—压模;2—套筒;3—钢筋

其主要组成设备有挤压机、半挤压机、超高压泵站等。

①挤压机可用于全套筒钢筋接头的压接和少量半套筒钢筋接头的压接,见图2-44。其主要技术参数见表2-23。

表2-23　　　　　　　　　　挤压机技术参数

钢筋公称直径 /mm	套管直径/mm		压模直径/mm	
	内径	外径	同径钢筋及异径钢筋接头粗径用	异径钢筋接头细径用
$\phi25$	$\phi33$	$\phi45$	38.4 ± 0.02	40 ± 0.02
$\phi28$	$\phi35$	$\phi49.1$	42.3 ± 0.02	45 ± 0.02
$\phi32$	$\phi39$	$\phi55.5$	48.3 ± 0.02	—

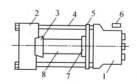

图2-44 GTZ32型挤压机简图

1—油缸;2—压模座;3—压模;

4—导向杆;5—撑力架;6—管拉头;

7—垫块座;8—套筒

②半挤压机适用于半套筒钢筋接头的压接,见图 2-45。其主要技术参数见表 2-24。

表 2-24　　　　　　　　　半挤压机主要技术参数

项目	单位	技术性能	
		挤压机	半挤压机
额定工作压力	MPa	70	70
额定工作推力	kN	400	470
油缸最大行程	mm	104	110
外形尺寸(长×宽×高)	mm×mm×mm	755×158×215	180×180×780
质量	kg	65	70

③超高压泵站为双泵双油路电控液压泵站。当三位四通换向阀左边接通时,油缸大腔进油,当压力达到 65MPa 时,高压继电器断电,换向阀回到中位;当换向阀右边接通时,油缸小腔进油,当压力达到 35MPa 时,低压继电器断电,换向阀又回到中位。其技术参数见表 2-25。

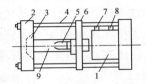

图 2-45　GTZ32 型半挤压机简图

1—油缸;2—压模座;3—压模;
4—导向杆;5—限位器;6—撑力架;
7、8—管接头;9—套筒

表 2-25　　　　　　　　　超高压泵站技术性能

项目		单位	技术性能	
			超高压油泵	低压泵
额定工作压力		MPa	70	7
额定流量		L/min	2.5	7
继电器调定压力		N/min	72	36
电动机 (J100L2-4-B5)	电压	V	380	—
	功率	kW	3	—
	频率	Hz	50	—

④压模分半挤压机用压模和挤压机用压模,使用时要按钢筋的规格选用,见表2-23。

10.直螺纹连接机

直螺纹连接是利用钢筋端部的外直螺纹和套筒上的内直螺纹来连接钢筋的一种方法。直螺纹连接是钢筋等强度连接的新技术,这种方法不仅接头强度高,而且施工操作简便,质量稳定可靠,可用于 $\phi20\sim\phi40mm$ 的同径、异径、不能转动或位置不能移动钢筋的连接。

滚压直螺纹连接有直接制作、挤(碾)压肋滚压螺纹和剥肋滚压螺纹三种形式。目前在施工现场剥肋滚压螺纹连接比较普遍,一般在现场直接加工。主要设备为剥肋滚压直螺纹成型机,工具主要由量具、管钳和力矩扳手等组成。本文重点介绍剥肋滚压直螺纹成型机的结构、性质、使用方法。

(1)剥肋滚压直螺纹成型机结构组成。

剥肋滚压直螺纹成型机的结构见图2-46。

(2)工作原理。

钢筋夹持在台钳1上,扳动进给手柄8,减速机7向前移动,剥肋机构4对钢筋进行剥肋,到调定长度后,通过涨刀触头2使剥肋机构停止剥肋,减速机继续向前进给,涨刀触头缩回,滚丝头5开始滚压螺纹,滚到设定长度时,行程挡块9与行程开关接触断电,设备自

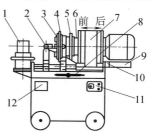

图2-46 剥肋滚压直螺纹成型机结构示意图

1—台钳;2—涨刀触头;3—收刀触头;4—剥肋机构;5—滚丝头;6—上水管;7—减速机;8—进给手柄;9—行程挡块;10—行程开关;11—控制面板;12—机座

动停机并延时反转,将钢筋退出滚丝头,扳动进给手柄后退,通过收刀触头 3 收刀复位,减速机退到极限位置后停机,松开台钳、取出钢筋,完成螺纹加工。

(3)钢筋螺纹连接设备使用要点。

①设备应有良好接地,防止漏电伤人。

②在加工前,电器箱上的正反开关置于规定位置。加工标准螺纹开关置于"标准螺纹"位置,加工左旋螺纹开关置于"左旋螺纹"位置。对剥肋滚压直螺纹成型机在加工左旋螺纹时,应更换左旋滚丝头及左剥肋机构。

③钢筋端头弯曲时,应调直或切去后才能加工,严禁用气割下料。

④出现紧急情况应立即停机,检查并排除故障后再使用。

⑤设备工作时不得检修、调整和加油。

⑥整机应设有防雨棚,防止雨水从箱体进入水箱。

⑦停止加工后,应关闭所有电源开关,并切断电源。

(4)钢筋螺纹连接设备维护要点。

①开机前和停机后,擦洗设备,保持设备清洁。

②开机前,检查行程开关等各部件是否灵活、可靠,有无失灵情况。

③及时清理铁屑,定期清理水箱。

④加工丝头时,应采用水溶性切削液,不得用机油作润滑液或不加润滑液加工丝头。

⑤设备需定期按规定部位加油润滑,加油前应将油口、油嘴处的脏物清理干净。

(5)安全使用注意事项。

①操作前应认真检查各部位安全装置是否良好,配电箱和电源线是否安全可靠,经检查确定无问题方可开机操作。

②操作人员必须经过技术培训，认真按照技术交底作业，未经项目领导批准，不得随意调换操作人员。

③套丝机械设备应在平整场地固定，并设防雨棚和接油装置。

④操作人员要思想集中，两人同机操作时应配合默契，后面的人听从前面人的指挥，出现机械故障时及时停机检修。

⑤工作完毕后整机清洁，把铁屑等杂物清扫干净，拉闸、断电、上锁方可离开。

11. 预应力钢筋加工机械

（1）工作性质及原理。

①预应力钢筋张拉设备是使预应力混凝土结构里的钢筋产生预应力，并使其保持预应力的设备，分手动、电动和液压传动张拉机等。液压张拉机拉力大、重量轻，使用灵活方便。按钢筋张拉工艺有先张法和后张法两种。先张法用的夹具可以重复使用；后张法用的锚具将成为构件的一部分，不能取下再用。

②施工现场常采用不同的夹具来锚固各种钢筋，圆锥形夹具用于锚固直径 12～16mm 的钢筋；镦头梳筋板夹具适用于板类构件中张拉低碳冷拔钢丝；波形夹具可成批张拉和锚固钢丝；螺杆锥形夹具则用于钢筋束的后张自锚。

③作业时，钢筋的一端锚固，另一端由张拉机通过夹具把钢筋夹紧张拉。穿心式张拉机作业时将钢筋穿入，打开前油嘴，由液压泵把高压油送入后油嘴，使张拉缸后退，利用尾部锚具将钢筋锚固并张拉。张拉到所需应力值后，关闭后油嘴。前油嘴进油，活塞向前推出，顶压锚塞，使钢筋锚固。回程时，活塞靠弹簧复位，完成张拉。

（2）设备类型。

①机具类。包括穿心式千斤顶、前卡式千斤顶、台座式千斤

顶、电动油泵、高压泵站、真空泵、搅拌机、制管机、挤压机、钢丝墩头器、灰浆泵等。

②锚具类。包括扁锚、挤压 P 形锚具、单孔工具锚、金属波纹管、钢质锥形锚具、墩头锚等。

③连接器类。包括 YML15(13)系列连接器、精轧螺纹钢连接器、线线连接器、线杆连接器、YGL25(32)系列连接器等。

(3)施工操作方法。

①先张法。先张法是在浇筑混凝土之前张拉钢筋(钢丝)产生预应力。一般用于预制梁、板等构件。

a.先张法工艺流程见图 2-47。

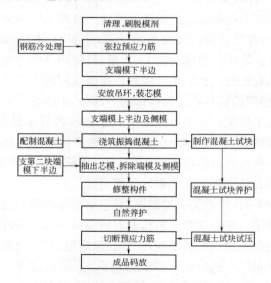

图 2-47 先张法工艺流程图

b.先张法预应力张拉程序见表 2-26。

表 2-26	先张法预应力张拉程序
预应力钢筋种类	张拉程序
钢筋	$0 \to$ 初应力 $\to 1.05\sigma_{con}$（持荷 2min）$\to 0.9\sigma_{con} \to \sigma_{con}$（锚固）
钢丝、钢绞线	对于夹片式等具有自锚性的锚具：普通松弛力筋：$0 \to$ 初应力 $\to 1.03\sigma_{con}$（锚固）；低松弛力筋：$0 \to$ 初应力 $\to \sigma_{con}$（持荷 2min 锚固）

注：①表中 σ_{con} 为张拉时的控制应力，包括预应力损失值；

　②张拉钢筋时，为保证施工安全，应在超张拉放张至 $0.96\sigma_{con}$ 时安装模板、普通钢筋及预埋件等；

　③张拉时，钢丝、钢绞线在同一构件内断丝数不得超过钢丝总数的 1%；预应力钢筋不容许断筋。

②后张法。后张法是在混凝土浇筑的过程中，预留孔道，待混凝土构件达到设计强度后，在孔道内穿主要受力钢筋，张拉锚固建立预应力，并在孔道内进行压力灌浆，用水泥浆包裹保护预应力钢筋。

a. 后张法工艺流程见图 2-48。

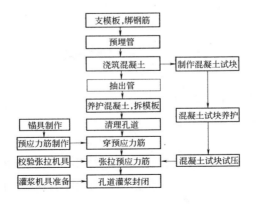

图 2-48　后张法工艺流程图

b. 后张法预应力张拉程序见表 2-27。

表 2-27 后张法预应力张拉程序

预应力筋		张拉程序
钢筋、钢筋束		0→初应力→$1.05\sigma_{con}$(持荷 2min)→σ_{con}(锚固)
钢绞线束	对于夹片式等具有自锚性能的锚具	普通松弛力筋:0→初应力→$1.03\sigma_{con}$(锚固);低松弛力筋:0→初应力 σ_{con}→(持荷 2min 锚固)
	其他锚具	0→初应力→$1.05\sigma_{con}$(持荷 2min)→σ_{con}(锚固)
钢丝束	对于夹片式等具有自锚性能的锚具	普通松弛力筋:0→初应力→$1.03\sigma_{con}$(锚固);低松弛力筋:0→初应力 σ_{con}→(持荷 2min 锚固)
	其他锚具	0→初应力→$1.05\sigma_{con}$(持荷 2min)→0→σ_{con}(锚固)
精轧螺纹钢筋	直线配筋时	0→初应力→σ_{con}(持荷 2min 锚固)
	曲线配筋时	0→σ_{con}(持荷 2min)→0(上述程序可反复几次)→初应力→σ_{con}(持荷 2min 锚固)

注:①表中 σ_{con} 为张拉时的控制应力,包括预应力损失值;

②两端同时张拉时,两端千斤顶升降压、划线、测伸长、插垫等工作基本一致;

③梁的竖向预应力筋可一次张拉到控制应力,然后于持荷 5min 后测伸长和锚固。

(4)施工操作要点。

①工艺流程。

千斤顶穿入钢绞线→卸载阀卸载→开启气阀启动油泵→换向供油(顺时针转动手柄千斤顶出缸)→卸载阀升压(顺时针转动)→自动锚紧→张拉→换向供油(逆时针转动手柄千斤顶回缸)→自动退锚→卸载阀卸载(逆时针转动)→退出预应力千斤顶

②预应力工程张拉过程的质量要求。

a. 安装张拉设备时,直线预应力筋张拉的力作用线与孔道中心线重合,曲线预应力筋张拉的力作用线与孔道中心线末端的切线重合。

b. 根据预应力张拉设备检验标定书上的数值,在相应力值范围内用插入法计算各级荷载下的压力表读数值(即 $10\%\sigma_{con}$、$100\%\sigma_{con}$、$105\%\sigma_{con}$ 时),张拉操作过程要匀速施加荷载。

c. 填写张拉设备施加预应力的记录,做到记录内容及原始数据完整、真实、可靠。

d. 采用应力控制方法张拉时,要校检预应力钢筋的伸长值。

e. 当用先张法同时张拉多根预应力筋时,应先调整初应力,使其应力一致,然后通过钢横梁整体张拉至规定值。

f. 用后张法张拉长度 5~24m 的直线预应力筋,可在一端张拉。

g. 对曲线预应力筋和长度大于 24m 的直线预应力筋的张拉分两种情况:一个成形孔道时采用两台同型号的千斤顶张拉设备进行单向对称张拉;两个成形孔道时,配用四台同型号的预应力千斤顶设备双向对称张拉,避免结构裂缝开展与变形。

h. 多根预应力筋可分批张拉,采用同一张拉值逐根复位补足,保证预应力筋的张拉控制应力值。

i. 为保证张拉过程的质量,应对从事预应力工程施工人员进行岗位操作技能培训,做到持证上岗;对预应力张拉设备在使用过程中的操作和检查情况做出记录,并予以保存。

(5)预应力张拉设备的定期检修。

①质量控制要求。

a. 根据预应力施工需要,选定的预应力张拉设备应进行检定校验,以标定预应力张拉值与压力表之间的相关关系。

b. 检定校验单位应具有相应资质,检验时间应在工程施工之前,校验期限不宜超过半年。

c. 张拉设备校验要选用检定合格的压力表。检验时,千斤顶活塞的运行方向与实际张拉工作状态一致。

d. 建立预应力张拉设备的台账,新添置的张拉设备及时登记在册,以便进行质量跟踪。

e. 做好并保存预应力张拉设备的检定记录。包括千斤顶型号、编号、使用地点、检定日期、结果、环境条件、责任人员等。

②张拉锚具的质量验证。

锚具进货后,应对供应厂家提交的张拉锚具检验报告进行审核确认,进行材料验收。检查外观、尺寸和硬度,并抽取 3 个预应力筋锚具组装件,送测试中心进行静载锚固试验,测定预应力筋用夹片效率系数应符合锚固性能要求。

③预应力千斤顶的维修。

为了保证持续施工的要求,应注意预应力张拉设备必要的维修和保养,随时掌握千斤顶的使用状况,检查工作性能,必要时更换油封等易损件。对在用的预应力张拉设备配备有效使用周期的标志。准确度不符合要求或有故障时要及时修理,出示停用标志。

(6)预应力机械安全操作要点。

①总体要求。

a. 必须经过专业培训,掌握预应力张拉的安全技术知识并经考核合格后方可上岗。

b. 必须按照检测机构检验编号的配套组使用张拉机具。

c. 张拉作业区域应设明显警示牌,非作业人员不得进入作业区。

d. 张拉时必须服从统一指挥,严格按照技术交底要求读表。油压不得超过技术交底规定值。发现油压异常等情况时,必须立即停机。

e. 高压油泵操作人员应戴护目镜。

f. 作业前应检查高压油泵与千斤顶之间的连接件,连接件必须完好、紧固,确认安全后方可作业。

g. 施加荷载时,严禁敲击、调整施力装置。

②先张法。

a. 张拉台座两端必须设置防护墙,沿台座外侧纵向每隔 2~3m设一个防护架。张拉时,台座两端严禁有人,任何人不得进入张拉区域。

b. 油泵必须放在台座的侧面,操作人员必须站在油泵的侧面。

c. 打紧夹具时,作业人员应站在横梁的上面或侧面,击打夹具中心。

③后张法。

a. 作业前必须在张拉端设置 5cm 厚的防护木板。

b. 操作千斤顶和测量伸长值的人员应站在千斤顶侧面操作,千斤顶顶力作用线方向不得有人。

c. 张拉时千斤顶行程不得超过技术交底的规定值。

d. 两端或分段张拉时,作业人员应明确联络信号,协调配合。

e. 高处张拉时,作业人员应在牢固、有防护栏的平台上作业,上下平台必须走安全梯或马道。

f. 张拉完成后应及时灌浆、封锚。

g. 孔道灌浆作业,喷嘴插入孔道后,喷嘴后面的胶皮垫圈必须紧压在孔口上,胶皮管与灰浆泵必须连接牢固。

h. 堵灌浆孔时应站在孔的侧面。

三、木工机械

木工机械的分类方法较多,按照机械的加工性质,即机械采用的切削方式或用途,《木工机床型号编制方法》(GB/T

12448—2010)将木工机械划分为十三类,分类方法见表 2-28。根据施工现场的实际情况,本书主要介绍木工锯剖机械类中的圆锯机和木工刨削机械类中的平压刨、自动压刨机等设备。

表 2-28　　　　　　　　　　木工机械分类方法

类别	代号	类别	代号
木工锯	MU	木工联合机	ML
木工刨床	MB	木工结合组装涂布	MH
木工铣床	MX	木工辅机	MF
木工钻床	MZ	木工手提机具	MT
木工榫槽	MS	木工多工序机床	MD
木工车床	MC	其他木工机床	MQ
木工磨光机	MM	—	—

1. 锯剖机械

锯剖机械按照加工对象和适应范围,常用的有带锯机、截锯机和圆锯机等。

(1)带锯机。

带锯机主要是用来对木材进行直线纵向锯剖的设备,它是一种可以把原木锯剖成材的木工机械。带锯机按用途不同可分为原木带锯机、再剖带锯机和细木带锯机三种。按其组成不同又可分为台式带锯机、跑车带锯机和细木带锯机,由于锯剖木材的大小和用途不同,所以带锯机还有大、中、小之分。带锯机的大小依照锯齿轮的直径规格及送料系统的情况而定。

(2)圆锯机。

圆锯机主要用于纵向及横向锯割木材。

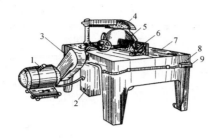

图 2-49　MJ109 型手动进料圆锯机
1—电动机;2—开关盒;3—带罩;4—防护罩;
5—锯片;6—锯比子;7—台面;8—机架;9—双联按钮

①圆锯机的构造　MJ109 型手动进料圆锯机,见图 2-49,它是由机架台面、锯片、锯比子(导板)、电动机、防护罩等组成。

②圆锯片。圆锯机所用的圆锯片有普通平面圆锯片和刨锯片两种,普通平面圆锯机的两面都是平直的,锯齿经过拨料,用来纵向锯割和横向截断木料,是广泛采用的一种锯片。刨锯片是从锯齿中心部位逐渐变薄,不用拨料,锯条表面有凸棱,对锯割面兼有刨光作用。

圆锯片齿形与被锯割木料的硬度、进料速度等有关,应依使用要求选用。一般圆锯片齿形分纵割齿和横割齿两种。

③圆锯片的齿形与拨料。锯齿的拨料是将相邻各齿的上部互相向左右拨弯,见图 2-50。

圆锯片锯齿形状与锯割木材的软硬、进料速度、光洁度及纵割或横割等有

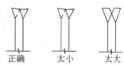

图 2-50　锯齿的拨料

密切关系。常用的几种齿形或齿形角度、齿高及齿距等有关数据见表 2-29。

表 2-29 齿高及齿距

锯片名称	类型	简图	用途	特征
圆锯片齿形	纵割锯	 纵割齿	主要用于纵向锯割,亦用于横割	以纵割为主,但亦可横割,齿形应用较广泛
	横割锯	 横割齿	用于横向锯割	锯割时速度较纵向慢,但较光洁

圆锯片齿形角度	锯割方法	齿形角度			齿高 h	齿距 t	槽底圆弧半径 r
		α	β	γ			
	纵割	30°～35°	35°～45°	15°～20°	$(0.5-0.7)t$	$(8～14)s$	$0.2t$
	横割	35°～45°	45°～55°	5°～10°	$(0.9～1.2)t$	$(7～10)s$	$0.2t$

注:表中 s 为锯片厚度。

正确拨料的基本要求如下:

a. 所有锯齿的每边拨料量都应相等。

b. 锯齿的弯折处不可在齿的根部,而应在齿高的一半以上处,厚锯约为齿高的 1/3,薄锯为齿高的 1/4。弯折线应向锯齿的前面稍微倾斜,所有锯齿的弯折线锯齿尖的距离都应当相等。

c. 拨料大小应与工作条件相适应,每一边的拨料量一般为 0.2～0.8mm,约等于锯片厚度的 1.4～1.9 倍,最大不应超过 2 倍。软料湿材取较大值,硬材与干材取较小值。

d. 锯齿拨料一般采用机械和手工两种方法,目前多以手工拨料为主,即用拨料器或锤打的方法进行。

④圆锯机的操作。

a. 圆锯机操作前,应先检查锯片是否安装牢固,以及锯片是否有裂纹,并装好防护罩及保险装置。

b. 安装锯片时应使其与主轴同心,片内孔与轴的空隙不应大于 0.15～0.2mm,否则会产生离心惯性力,使锯片在旋转中摆动。

c. 法兰盘的夹紧面必须平整,要严格垂直于主轴的旋转中心,同时保持锯片安装牢固。

d. 如锯旧料时,必须检查被锯割木材内部是否有钉子,或表面是否有水泥碴,以防损伤锯齿,甚至发生伤人事故。

e. 操作时应站在锯片稍左的位置,不应与锯片站在同一直线上,以防木料弹出伤人。

f. 送料不要用力过猛、过快,木材相对台面要端平,不要摆动或抬高、压低。

g. 锯剖木节处要放慢速度,并应注意防止木节弹出伤人。

h. 纵向剖长料时,要两人配合,上手将木料沿着导板不偏斜地均匀送进。当木料端头露出锯片后,下手用拉钩抓住,均匀地拉过,待木料拉出锯台后方可用手接住。锯剖短木料时必须用推杆送料,不得一根接一根地送料,以防锯齿伤手。

i. 为了避免锯剖时锯片因摩擦发热产生变形,锯片两侧要装冷水管。

▶ 2. 刨削机械

刨削机械主要有手压刨、压刨、三面刨和四面刨。

(1)手压刨。

手压刨又称平刨,由机座、台面(工作台)、刀轴、刨刀、导板、电动机等组成,现在工地已普遍应用,见图 2-51。

①平刨机的组成。

a. 机座。机座台面用铸铁制成。

b. 工作台。工作台可分为前工作台和后工作台,台面光滑

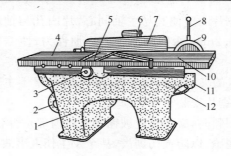

图 2-51 平刨机

1—机座；2—电动机；3—刀轴轴承座；4—工作台面；
5—扇形防护罩；6—导板支架；7—导板；8—前台面调整手柄；9—刻度盘；
10—工作台面；11—电钮；12—偏心轴架护罩

平直，台面下部两边有角形轨道，与机座角槽配合在一起。台面底部前后两端装设手轮，通过手轮转动丝杠，使台面沿着轨道上升下降，用来调节刨刀露出台面的高低。在刨削时，后台面应与刨刀刃的高度一致，前台面低于后台面的高度就是刨层的厚度，这样可提高加工构件的精度。

c. 刀轴。机座顶部两侧装设轴承座，刀轴装在轴承内。刀轴的中部开有两个键槽，键槽内装配刨刀两片。当装在机座底部的电动机开动时，通过刀轴末端的 V 带轮，带动刀轴运转即可刨削。

d. 导板。台面上装有活动导板，可根据刨削构件的角度要求来调整导板的立面角度。

e. 刨刀。

刨刀有两种：一种是有孔槽的厚刨刀；一种是无孔槽的薄刨刀。厚刨刀用于方刀轴及带弓形盖的圆刀轴；薄刨刀用于带楔形压条的圆刀轴。常用刨刀尺寸是长度 200～600mm，厚刨刀厚度 7～9mm，薄刨刀厚度 3～4mm。

刨刀变钝一般使用砂轮磨刀机修磨。刨刀的磨修要求达到刨削锋利、角度正确、刃口成直线等。刃口角度：刨软木为35°～37°，刨硬木为37°～40°。斜度允许误差为0.02%。

修磨时在刨刀的全长上，压力应均匀一致，不宜过重，每次行程磨去的厚度不宜超过 0.015mm，刃口形成时适当减慢速度。磨修时要防止刨刀过热退火，无冷却装置的应用冷水浇注退热。操作人员应站在砂轮旋转方向的侧边，以防止砂轮万一破碎飞出伤人。

为保证刨削木料的质量，需要精确地调整刀刃装置，使各刀刃离转动中心的距离一致。刀刃的位置，一般用平直的木条来检验，将刨刀装在刀轴上后，用木条的纵向放在后台面上伸出刨口，木条端头与刀轴的垂直中心线相交，然后转动刀轴，沿刨刀全长取两头及中间做三点检验，看其伸出量是否一致。

②平刨机安全防护装置。平刨机是用手推工件前进，为了防止操作中伤手，必须装有安全防护装置，确保操作安全。

平刨机的安全防护装置常用的有扇形罩、双护罩、护指键等，见图 2-52。

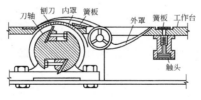

图 2-52　双护罩

③平刨机操作注意事项。

a. 操作前必须检查安全保护装置，并试运转达到要求后再进行加工操作。

b. 操作前要进行工作台的调整，前台要比后台略低，高度差即为刨削厚度,一般控制在 1～2.5mm 之间,一般经 1～2 次即可刨平刨直。

c. 刨削前,应对需加工材料进行检查,以确定正确加工方案,板厚在 30mm 以下,长度不足 300mm 的短料,禁止在手压刨上进行刨削,以防发生伤手事故。

d. 单人操作时,人要站在工作台的左侧中间,左脚在前,右脚在后,左手按住木料,右手均匀地推送,见图 2-53。当右手离刨 15cm 时,即应脱离料面,靠左手推送。

e. 无论何种材质的刨料,都应顺茬刨削,遇有戗茬、节疤、纹理不直、坚硬等材料时,要降低刨削的进料速度。一般进料速度控制在 4～15m/min,刨时先刨大面,后刨小面。

f. 刨削较短、较薄的木料时,应用推棍、推板推送,见图 2-54。长度不足400mm或薄且窄的小料,不要在平刨上刨削,以免发生伤手事故。

图 2-53　刨料手势　　　　图 2-54　推棍与推板

g. 两人同时操作时,要互相配合,木料过刨刃 300mm 后,下手方可接拉。

h. 同时刨削几个工件时,厚度应基本相等,以防薄的构件被刨刀弹回伤人。应尽量避免同时刨削多个工件。

(2)自动压刨机。

自动压刨机,它可以将经过手压刨刨过的两个相邻木料,刨削成一定厚度和一定宽度规格的木料。

①自动压刨机的构造。自动压刨机由机身、工作台、刀轴、

刨刀滚筒、升降系统、防护罩、电动机等组合而成。常用有 MB103 和 MB1065 两种,见图 2-55 是 MB1065 型单面自动压刨机。

图 2-55 MB1065 型自动压刨机
1—上滚筒压紧弹簧;2—进料防护罩;3—下料筒;
4—工作台;5—开关按钮;6—电源箱;7—机身;
8—变速箱;9—传动部分防护罩;
10—工作台升降手轮;11—防护罩手柄

②自动压刨机操作注意事项。

a. 操作前应检查安全装置,调试正常后再进行操作。

b. 应按照加工木料的要求尺寸仔细调整机床刻度尺,每次吃刀深度应不超过 2mm。

c. 自动压刨机由两人操作。一人进料,一人按料,人要站在机床左、右侧或稍后为宜。刨长的构件时,二人应协调一致,平直推进顺直拉送。刨短料时,可用木棒推进,不能用手推动。如发现横走时,应立即转动手轮,将工作台面降落或停车调整。

d. 操作人员工作时,思想要集中,衣袖要扎紧,不得戴手套,以免发生事故。

3. 轻便机具

轻便机具用以代替手工工具,用电或压缩空气作动力,可以减轻劳动强度,加快施工进度,保证工程质量。轻便机具总的特点是:重量轻、大部分机具单手自由操作;体积小,便于携带与灵活运用;工效快,与手工工具相比,具有明显的优势。常用的有手锯、手电刨、钻、电动起子机、电动砂光机等。

（1）锯。

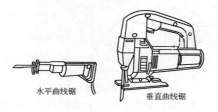

水平曲线锯　　　　　　垂直曲线锯

图 2-56　电动曲线锯

①曲线锯。曲线锯又称反复锯,分水平和垂直曲线锯两种,见图 2-56。

对不同材料,应选用不同的锯条,中、粗齿锯条适用于锯割木材;中齿锯条适用于锯割有色金属板、压层板;细齿锯条适用于锯割钢板。

曲线锯可以作中心切割（如开孔）、直线切割、圆形或弧形切割。为了切割准确,要始终保持和体底面与工件成直角。

操作中不能强制推动锯条前进,不要弯折锯片,使用中不要覆盖排气孔,不要在开动中更换零件、润滑或调节速度等。操作时人体与锯条要保持一定的距离,运动部件未完全停下时不要把机体放倒。

对曲线锯要注意经常维护保养,要使用与金属铭牌上相同的电压。

②圆锯。手提式电动圆锯见图 2-57。

手提式电锯的锯片有圆形的钢锯片和砂轮锯片两种。钢锯片多用于锯割木材,砂轮锯片用于锯割铝、铝合金、钢铁等。

操作中要注意的事项同曲线锯。

(2)手电刨。

手提式木工电动刨见图 2-58。手电刨多用于木装修,专门刨削木材表面。

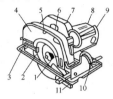

图 2-57 手提式木工电动圆锯

1—锯片;2—安全护罩;3—底架;

4—上罩壳;5—锯切深度调整装置;

6—开关;7—接线盒手柄;

8—电机罩壳;9—操作手柄;

10—锯切角度调整装置;11—靠山

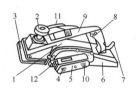

图 2-58 手提式木工电动刨

1—罩壳;2—调节螺母;3—前座板;

4—主轴;5—皮带罩壳;6—后座板;

7—接线头;8—开关;9—手柄;

10—电机轴;11—木屑出口;12—碳刷

使用方法及注意事项:

①两刨刀必须同时装上并且位置准确,刃口必须与底板成同一平面,伸出高度一致。

②刨削毛糙的表面,顺时针转动机头调节螺母,先取用较大的刨削深度,并用较慢的推进速度。刨出平整面后,再用较小的刨削深度,即逆时针转动调节螺母,并用适当的速度均匀地刨削。

③刨刀的刀刃必须锐利。

④电刨必须经常保持清洁,使用完毕后应进行清理。

⑤使用时要戴绝缘手套,以防触电。

(3)电钻。

手提式电钻基本上分为两种:一种是微型电钻;另一种是电动冲击钻,见图 2-59 和图 2-60。

图 2-59　微型电钻　　　　　　　图 2-60　电动冲击钻

手提式电钻是开孔、钻孔、固定的理想工具。微型电钻适用于金属、塑料、木材等钻孔,电子型号不同,钻孔的最大直径为 13mm。

电动冲击钻适用于金属、塑料、木材、混凝土、砖墙等钻孔,最大直径可达 22mm。

电动冲击钻是可以调节并旋转带冲击的特种电钻。当把旋钮调到旋转位置,装上钻头,像普通电钻一样,可以对部件进行钻孔。如果把旋钮调到冲击位置,装上合金冲击钻头,可以对混凝土砖墙进行钻孔。

操作时先接上电源,双手端正机体,将钻头对准钻孔中心,打开开关,双手加压,以增加钻入速度。操作时要戴好绝缘手套,防止电钻漏电发生触电事故。

(4)电动起子机。

电动起子机具有正反转按钮,主要作用是紧固木螺丝和螺母,见图 2-61。

(5)电动砂光机。

电动砂光机的主要作用是将工件表

图 2-61　电动起子机

面磨光,见图 2-62。操作时,拿起砂光机离开工件并启动电机,当电机达到最大转速时,以稍微向前的动作把砂光机放在工件上,先让主动滚轴接触工件,向前一动后,就让平板部分充分接触工件。砂光机平行于木材的纹理来回移动,前后轨迹稍微搭接。不要给机具施加压力或停留在一个地方,以免造成凹凸不平。

图 2-62　砂光机

为达到木制品表面磨光要求,可用粗砂先做快磨,用细砂磨最后一遍。安装和调换砂带时,一定要切断电源。

(6)应注意的安全事项。

①操作人员必须戴绝缘手套、穿绝缘鞋或站在绝缘垫上。

②刀具应刃磨锋利、完好无损、安装正确、牢固。机具上传动部分不许有防护罩,作业时不得随意拆卸。

③启动后,空载运转并检查工具联动应灵活无阻,操作时加力要平稳,不得用力过猛;不得用手触摸刃具、模具、砂轮。发现磨钝、破损情况时,立即停机修换。

④作业时间过长,应待冷却后再行作业。发现异常现象,应立即停机检查。

四、装饰装修机械

1. 灰浆搅拌机

灰浆搅拌机是将砂、水、胶合材料(包括水泥、白灰等)均匀地搅拌成为灰浆的一种机械,在搅拌过程中,拌筒固定不动,而由旋转的条状拌叶对物料进行搅拌。

(1)灰浆搅拌机的类型。

灰浆搅拌机按卸料方式的不同分两种:一种是使拌筒倾翻、筒口倾斜出料方式的"倾翻卸料灰浆搅拌机";另一种是拌筒不动、打开拌筒底侧出料的"活门卸料灰浆搅拌机"。

目前,常使用的有 100L、200L 与 325L(均为装料容量)规格的灰浆搅拌机。100L 与 200L 容量多数为倾翻卸料式,325L容量多数为活门卸料式。根据不同的需要,灰浆搅拌机还可制成固定式与移动式两种形式。

常用的倾翻卸料灰浆搅拌机有 HJ1-200 型、HJ1-200A 型、HJ1-200B 型和活门卸料搅拌机 HJ1-325 型等[代号意义:H—灰浆;J—搅拌机;数字表示容量(L)]。

(2)灰浆搅拌机的构造。

见图 2-63 为活门卸料灰浆搅拌机,由装料、水箱、搅拌和卸料等四部分组成。

图 2-63　活门卸料灰浆搅拌机示意图

1—拌筒;2—机架;3—料斗升降手柄;4—进料斗;5—制动轮;

6—卷扬筒;7—制动带抱合轴;8—离合器;9—配水箱;

10—电动机;11—出料活门;12—卸料手柄;13—行走轮;14—被动链轮

（3）灰浆搅拌机的工作原理。

①拌筒 1 装在机架 2 上,拌筒内沿纵向的中心线方向装一根轴,上面有若干拌叶,用以进行搅拌;机器上部装有虹吸式配水箱 9,可自动供拌和用水;装料是由进料斗 4 进行。

②装有拌叶的轴支承在拌筒两端的轴承中,并与减速箱输出轴相连接,由电动机 10 经 V 形带驱动搅拌轴旋转进行拌和。

③卸料时,拉动卸料手柄 12 可使出料活门 11 开启,灰浆由此卸出,然后推压手柄 12 便将活门 11 关闭。

④进料斗的升降机构由制动带抱合轴 7、制动轮 5、卷扬筒 6、离合器 8 等组成,并由手柄 3 操纵。

⑤钢丝绳围绕在料斗边缘外侧,其两端分别卷绕在卷扬筒上。减速箱另一输出轴端安装主动链轮,传动被动链轮 14 而旋转,被动链轮同时又是离合器鼓(其内部为内锥面)。

⑥装料时,推压料斗升降手柄 3,使常闭式制动器上的制动带松开,而制动带抱合轴 7 与离合器 8 的鼓接通使料斗上升。当放松手柄,制动轮被制动带抱合轴 7 抱合停止转动,进料斗 4 亦停住不动进行装料。料斗下降时,只需轻提料斗升降手柄 3,制动带松开,料斗即下降。

（4）灰浆搅拌机的技术性能。

各种灰浆搅拌机主要技术性能见表 2-30。

表 2-30　　　　　　　　　各种灰浆搅拌机主要技术性能

技术规格		类型		
		HJ1-200	HJ1-200B	HJ1-325
工作容量	L	200	200	325
拌叶转数	r/min	25～30	34	32
搅拌时间	min/次	1.5～2	2	

续表

技术规格			类型		
			HJ1-200	HJ1-200B	HJ1-325
电动机	型号		JO$_2$-32-4	JO-42-4	JO-42-4
	功率	kW	3	2.8	2.8
	转速	r/min	1430	1440	1440
外形尺寸（长×宽×高）		mm×mm×mm	2280×1100×1170	1620×850×1050	2700×1700×1350
质量		kg	600	560	760
生产率		m^2/h		3	6

(5)灰浆搅拌机的操作要点。

①安装机械的地点应平整夯实,安装应平稳牢固。

②行走轮要离开地面,机座应高出地面一定距离,便于出料。

③开机前应对各种转动活动部位加注润滑剂,检查机械部件是否正常。

④开机前应检查电气设备绝缘和接地是否良好,皮带轮的齿轮必须有防护罩。

⑤开机后,先空载运输,待机械运转正常,再边加料边加水进行搅拌,所用砂子必须过筛。

⑥加料时工具不能碰撞拌叶,更不能在转动时把工具伸进斗里扒浆。

⑦工作后必须用水将机器清洗干净。

灰浆搅拌机发生故障时,必须停机检验,不准带故障工作,故障排除方法见表2-31。

表 2-31 灰浆搅拌机故障排除方法

故障现象	原因	排除方法
拌叶和筒壁摩擦碰撞	1. 拌叶和筒壁间隙过小; 2. 螺栓松动	1. 调整间隙; 2. 紧固螺栓
刮不净灰浆	拌叶与筒壁间隙过大	调整间隙
主轴转数不够或不转	带松弛	调整电动机底座螺栓
传动不平稳	1. 涡轮涡杆或齿轮啮合间隙过大或过小; 2. 传动键松动; 3. 轴承磨损	1. 修换或调整中心距、垂直底与平行度; 2. 修换键; 3. 更换轴承
拌筒两侧轴孔漏浆	1. 密封盘根不紧; 2. 密封盘根失效	1. 压紧盘根; 2. 更换盘根
主轴承过热或有杂音	1. 渗入砂粒; 2. 发生干磨	1. 拆卸清洗并加满新油(脂); 2. 补加润滑油(脂)
减速箱过热且有杂音	1. 齿轮(或涡轮)啮合不良; 2. 齿轮损坏; 3. 发生干磨	1. 拆卸调整,必要时加垫或修换; 2. 修换; 3. 补加润滑油

2. 单盘磨石机

(1)磨石机的构造与工作原理。

水磨石地面是在地面上浇注带小石子的水泥砂浆,待其凝固并具有一定的强度之后,使用磨石机将地面磨光制成的。

①磨石机有单盘和双盘两种,见图 2-64 为单盘磨石机。

②使用时,电动机 5 经过齿轮减速后带动磨石转盘旋转,转盘的转速约 300r/min,在转盘底部装有 3 个磨石夹具 8,每个夹具夹有一块三角形的金刚砂磨石 7。转盘旋转时另有水管向地

面喷水,保证磨石机在磨光过程中不致发热。这种磨石机每小时可磨地面 $3.5\sim4.5\text{m}^2$。

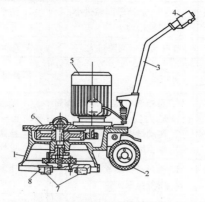

图 2-64　单盘磨石机示意图

1—磨盘外罩;2—移动滚轮;3—操纵杆;4—电气开关;
5—电动机;6—变速箱;7—金刚砂磨石;8—磨石夹具

③使用时,先检查开关、导线的情况,保证安全可靠;检查磨石是否装牢,最好在夹爪(或螺栓顶尖)和磨石之间垫以木楔,不要直接硬卡,以免在运动中发生松动;注意润滑各部销轴,磨石机一般每隔 $200\sim400$ 工作小时进行一级保养。在一级保养中,要拆检电动机、减速箱、磨石夹具以及行走机构和调节手轮等。拆检无误后须加注新的润滑油(脂),磨石装进夹具的深度不能小于 15mm,减速箱的油封必须良好,否则应予更换。

(2)磨石机的安全使用要点。

①在磨石机工作前,应仔细检查其各机件的情况。

②导线、开关等应绝缘良好,熔断丝规格适当。

③导线应用绳子悬空吊起,不应放在地上,以免拖拉磨损,造成触电事故。

④在工作前,应进行试运转,待运转正常后,才能开始正式工作。

⑤操作人员工作时必须穿胶鞋、戴手套。

⑥检查或修理时必须停机,电器的检查与修理由电工进行。

⑦磨石机使用完毕,应清理干净,放置在干燥处,用方木垫平放稳,并用油布等遮盖物加以覆盖。

⑧磨石机应有专人负责操作,其他人不准开动机器。

3.地坪抹光机

(1)地坪抹光机的构造与原理。

①构造。地坪抹光机也称地面收光机,是水泥砂浆铺摊在地面上、经过大面积刮平后,进行压平与抹光用的机械,图2-65为该机的外形示意图。它是由传动部分、抹刀及机架所组成。

图2-65 地坪抹光机示意图

1—操纵手柄;2—电气开关;3—电动机;

4—防护罩;5—保护圈;6—抹刀;7—抹刀转子;

8—配重;9—轴承架;10—V带

②工作原理。使用时,电动机3通过V带驱动抹刀转子7,在转动的十字架底面上装有2~4片抹刀片6,抹刀倾斜方向与转子旋转方向一致,抹刀的倾角与地面呈10°~15°。

使用前,首先检查电动机旋转的方向是否正确。使用时,先握住操纵手柄,启动电动机,抹刀片随之旋转而进行水泥地面抹光工作。抹第一遍时,要求能起到抹平与出浆的作用,如有低凹不平处,应找补适量的砂浆,再抹第二遍、第三遍。

(2)地坪抹光机的技术性能。

地坪抹光机主要技术性能,见表 2-32。

表 2-32 地坪抹光机主要技术性能

型号	69-1 型	HM-66
传动方式	V 带	V 带
抹刀片数	4	4
抹刀倾角	10°	0°～15°可调
抹刀转速	104r/min	50～100r/min
质量	46kg	80kg
动力	电动机 550W 1400r/min	汽油机 H00301 型 3 马力 3000r/min
生产率	100～300m²/h (按抹一遍计)	320～450m²/台班
外形尺寸 (长×宽×高)	105mm×70mm ×85mm	220mm×98mm ×82mm

(3)地坪抹光机的操作要点。

①抹光机使用前,应先仔细检查电器开关和导线的绝缘情况。因为施工场地水多,地面潮湿,导线最好用绳子悬挂起来,不要随着机械的移动在地面上拖拉,以防止发生漏电,造成触电事故。

②使用前应对机械部分进行检查,检查抹刀以及工作装置是否安装牢固,螺栓、螺母等是否拧紧,传动件是否灵活有效,同时还应充分进行润滑。在工作前应先试运转,待转速达到正常

时再放落到工作部位。工作中发现零件有松动或声音不正常时，必须立即停机检查，以防发生机械损坏和伤人事故。

③机械长时间工作后，如发生电动机或传动部位过热现象，必须停机冷却后再工作。操作抹光机时，应穿胶鞋、戴绝缘手套，以防触电。每班工作结束后，要切断电源，并将抹光机放到干燥处，防止电动机受潮。

五、中小型起重机械

起重机械是工矿企业中，实现机械化、自动化、减轻体力劳动，提高劳动生产率的重要工具和设备，不仅可以装卸构件、材料，而且可以吊装构件就位和运输各种材料、设备，从而达到提高工作效率、降低成本、减轻劳动强度等目的。

1. 钢丝绳

钢丝绳是起重吊装作业中的主要绳索，具有强度高、弹性大、韧性好、耐磨、能承受冲击载荷等优点，且磨损后外部产生许多毛刺，容易检查，便于预防事故，因而在起重吊装作业中被广泛应用，可用作起重、牵引、捆绑及张紧等。

（1）钢丝绳的构造和种类。

结构吊装中常用的钢丝绳是由六束绳股和一根绳芯（一般为麻芯）捻成，绳股是由许多高强钢丝捻成（图2-66）。

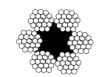

图2-66　普通钢丝绳截面

钢丝绳按其捻制方法分有右交互捻、左交互捻、右同向捻、左同向捻四种（图2-67）。

同向捻钢丝绳中钢丝捻的方向和绳股捻的方向一致；交互捻钢丝绳中钢丝捻的方向和绳股捻的方向相反。

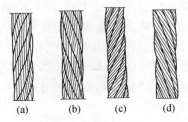

图 2-67　钢丝绳捻制方法

(a)右交互捻(股向右捻,丝向左捻);

(b)左交互捻(股向左捻,丝向右捻);

(c)右同向捻(股和丝均向右捻);

(d)左同向捻(股和丝均向左捻)

同向捻钢丝绳比较柔软、表面较平整,与滑轮或卷筒凹槽的接触面较大,磨损较轻,但容易松散和产生扭结卷曲,吊重时容易旋转,故吊装中一般不用;交互捻钢丝绳较硬,强度较高,吊重时不易扭结和旋转,吊装中应用广泛。

钢丝绳按绳股数及每股中的钢丝数区分:有 6 股 7 丝、7 股 7 丝、6 股 19 丝、6 股 37 丝及 6 股 61 丝等。吊装中常用的有 6×19、6×37 两种:6×19钢丝绳可作缆风和吊索;6×37 钢丝绳用于穿滑车组和作吊索。

(2)钢丝绳的安全检查。

钢丝绳使用一定时间后,就会产生断丝、腐蚀和磨损现象,其承载能力减低。一般规定钢丝绳在一个节距内断丝的数量超过表 2-33 的数字时就应当报废,以免造成事故。

在钢丝绳表面有磨损式腐蚀情况时,钢丝绳的报废标准按表 2-34 所列数值降低。

表 2-33　　　　　　　钢丝绳报废标准(一个节距内的断丝数)

采用的安全系数	钢丝绳种类					
	6×19		6×37		6×61	
	交互捻	同向捻	交互捻	同向捻	交互捻	同向捻
5 以下	12	6	22	11	36	18
6～7	14	7	26	13	38	19
7 以上	16	8	30	15	40	20

表 2-34　　　　　　　　　钢丝绳报废标准降低率

钢丝绳表面腐蚀或磨损程度(以每根钢丝的直径计)/(%)	在一个节距内断丝数所列标准乘下列系数	钢丝绳表面腐蚀或磨损程度(以每根钢丝的直径计)/(%)	在一个节距内断丝数所列标准乘下列系数
10	0.85	25	0.60
15	0.75	30	0.50
20	0.70	40	报废

断丝数没有超过报废标准,但表面有磨损、腐蚀的旧钢丝绳,可按表 2-35 的规定使用。

表 2-35　　　　　　　　　钢丝绳合用程度判断

类别	钢丝绳表面现象	合用程度	使用场所
Ⅰ	各股钢丝位置未动,磨损轻微,无绳股凸起现象	100%	重要场所
Ⅱ	1. 各股钢丝已有变位、压扁及凸出现象,但未露出绳芯; 2. 个别部分有轻微锈痕; 3. 有断头钢丝,每米钢丝绳长度内断头数目不多于钢丝总数的 3%	75%	重要场所
Ⅲ	1. 每米钢丝绳长度内断头数目超过钢丝总数的 3%,但少于 10%; 2. 有明显锈痕	50%	次要场所

类别	钢丝绳表面现象	合用程度	使用场所
Ⅳ	1. 绳股有明显扭曲、凸出现象； 2. 钢丝绳全部均有锈痕，刮去后钢丝上留有凹痕； 3. 每米钢丝绳长度内断头数超过 10%，但少于 25%	40%	不重要场所或辅助工作

(3)钢丝绳的许用拉力计算。

①钢丝绳破断拉力估算。钢丝绳的破断拉力与钢丝质量的好坏和绕捻结构有关，其近似计算公式为

$$S_b = Fn\phi\sigma_b = \frac{\pi d^2}{4}n\phi\sigma_b$$

式中　S_b——钢丝绳的在破断拉力，N；

　　　F——钢丝绳每根钢丝的截面积，mm^2；

　　　d——钢丝绳中每根钢丝的直径，mm；

　　　n——钢丝绳中钢丝的总根数；

　　　σ_b——钢丝绳中每根钢丝的抗拉强度，MPa；

　　　ϕ——钢丝绳中钢丝绕捻不均匀而引起的受载不均匀系数，其值见表 2-36。

表 2-36　钢丝绳中钢丝绳捻绕不均匀而引起受载不均匀系数 ϕ 表

钢丝绳规格	6×19+1	6×37+1	6×61+1
ϕ 值	0.85	0.82	0.80

如现场缺少资料时，也可用如下公式估算钢丝绳的破断拉力 S_b：

当强度极限为 1400MPa 时，$S_b = 430d^2$；

当强度极限为 1550MPa 时，$S_b = 470d^2$；

当强度极限为 1700MPa 时，$S_b = 520d^2$；

当强度极限为 18500MPa 时，$S_b = 570d^2$；

当强度极限为 2000MPa 时，$S_b = 610d^2$；

式中　S_b——破断拉力，N；

　　　　d——钢丝绳直径，mm。

②钢丝绳的许用拉力计算。钢丝绳使用中严禁超载，须注意在不超过钢丝绳破断拉力的情况下使用也不一定安全，必须严格限制其在许用应力下使用。钢丝绳在使用中可能受到拉伸、弯曲、挤压和扭转等的作用，当滑轮和卷筒直径按允许要求设计时，钢丝绳可仅考虑拉伸作用，此时钢丝绳的许用拉力计算公式为：

$$P = \frac{S_b}{K}$$

式中　P——钢丝绳的许用拉力，N；

　　　　S_b——钢丝绳的破断拉力，N；

　　　　K——钢丝绳的安全系数（见表 2-37）。

由上式可知：知道钢丝绳的许用拉力和安全系数，就可以知道钢丝绳的破断拉力。

表 2-37　　　　　　　　　钢丝绳安全系数 **K** 值

使用情况	安全系数 K 值	使用情况	安全系数 K 值
缆风绳	3.5	用于吊索，无弯曲	6～7
用于手动起重设备	4.5	用于绑扎吊索	8～10
用于机动起重设备	5.5	用于载人升降机	14

从表 2-37 可知各种不同用途钢丝绳的安全系数值，如电动卷扬机钢丝绳的安全系数应大于 5。

(4)钢丝绳使用注意事项。

①钢丝绳解开使用时,应按正确方法进行,以免钢丝绳产生扭结。钢丝绳切断前应在切口两侧用细铁丝捆扎,以防切断后绳头松散。

②钢丝绳穿过滑轮时,滑轮槽的直径应比绳的直径大1～2.5mm。滑轮槽过大钢丝绳容易压扁,过小则容易磨损。滑轮的直径不得小于钢丝绳直径的10～12倍,以减小绳的弯曲应力。禁止使用轮缘破损的滑轮。

③应定期对钢丝绳加润滑油(一般以工作时间 4 个月左右加一次)。

④存放在仓库里的钢丝绳应成卷排列,避免重叠堆置。库中应保持干燥,以防钢丝绳锈蚀。

⑤在使用中,如绳股间有大量的油挤出,表明钢丝绳的荷载已相当大,这时必须勤加检查,以防发生事故。

(5)钢丝绳末端的连接方法。

钢丝绳在使用时需要与其他承载零件连接,常用连接方法有以下几种。

①编绕法,见图 2-68(a),将钢丝绳的一端绕过心形套环后与工作分支用细钢丝扎紧,捆扎长度 $L=(20～25)d$(d 为钢丝绳直径),同时不应小于 300mm。

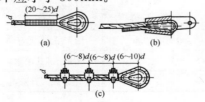

图 2-68 钢丝绳末端固定法

(a)编绕法;(b)楔形套筒固定法;(c)绳卡固定法

②楔形套筒固定法,见图 2-68(b),将钢丝绳的一端绕过一个带槽的楔子,然后将其一起装入一个与楔子形状相配合的钢制套筒内,这样钢丝绳在拉力作用下便越拉越紧,从而使绳端固定。此法装拆简便,但不适用于受冲击载荷的情况。

③绳卡固定法,见图 2-68(c),将钢丝绳的一端绕过心形套环后用绳卡固紧。常用的钢丝绳卡有骑马式、握拳式和压板式,见图 2-69,其中应用最广泛的是骑马式。

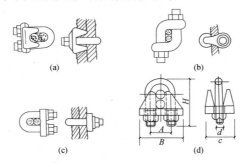

(a)

(b)

(c)

(d)

图 2-69　钢丝绳卡的种类
(a)骑马式;(b)握拳式;(c)压板式;(d)骑马式绳卡规格尺寸

用绳卡连接钢丝绳既牢固又拆卸方便,但由于绳卡螺栓使钢丝绳运动受到阻碍,如不能穿过滑轮、卷筒等,其使用范围受到限制,绳卡连结常用于缆风绳、吊索等固定端的连接上,也常用于钢丝绳捆绑物体时的最后卡紧。

绳卡具体使用时要注意以下几点。

a.绳卡的规格大小应与钢丝绳直径相符,严禁代用(大代小或小代大)或在绳卡中加垫料来夹紧钢丝绳,具体可按表 2-38选择相应规格的绳卡,使用时绳卡之间排列间距为钢丝绳直径的 8 倍左右,且最末一根绳卡离绳头的距离,一般为 150～200mm,最少不得小于 150mm,绳卡使用的数量应根据钢丝绳直径而定,最少使用数量不得少于 2 个,具体可见表 2-38。

b. 使用绳卡时,应将 U 形环部分卡在绳头(即活头)一边,这是因为 U 形环对钢丝绳的接触面小,使该处钢丝绳强度降低较多,同时由于 U 形环处被压扁程度较大,若钢丝绳有滑移现象,只可能在主绳一边,对安全有利。

表 2-38 骑马式钢丝绳卡型号规格

型号	常用钢丝绳直径	A	B	c	d	H	绳夹数量	绳夹间距
Y_1-6	6.5	14	28	21	M6	35	2	70
Y_2-8	8.8	18	36	27	M8	44	2	80
Y_3-10	11	22	43	33	M10	55	3	100
Y_4-12	13	28	53	40	M12	69	3	100
Y_5-15	15,17.5	33	61	48	M14	83	3	100～120
Y_6-20	20	39	71	55.5	M16	96	4	120
Y_7-22	21.5,23.5	44	80	63	M18	108	4～5	140～150
Y_8-23	26	49	87	70.5	M20	122	5	170
Y_9-28	28.5,31	55	97	78.5	M22	137	5～6	180～200
Y_{10}-32	32.5,34.5	60	105	85.5	M24	149	6～7	210～230
Y_{11}-40	37,39.5	67	112	94	M24	164	8	250～270
Y_{12}-45	43.5,47.5	78	128	107	M27	188	9～10	290～310
Y_{13}-50	52	88	143	119	M30	210	11	330

c. 绳卡螺栓应拧紧,以压扁钢丝绳直径的 1/3 左右为宜,绳卡使用后要检查螺栓螺纹有无损坏。暂不用时在螺纹部位涂上防锈油,归类保存在干燥处。

d. 由于钢丝绳受力产生拉伸变形后,其直径会略为减少。因此,对绳卡须进行二次拧紧,

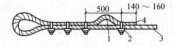

图 2-70 保险绳卡示意图(单位:mm)
1—安全弯;2—保险绳夹;
3—主绳;4—绳头

对中、大型设备吊装,还可在绳尾部加一个观察用保险绳卡,见图2-70。

e.对大型重要设备的吊装或绳卡螺栓直径$d \geqslant 20$mm时,当钢丝绳受力后,应对尾卡螺栓再次拧紧。

2.千斤顶

千斤顶按结构分类有齿条式千斤顶、螺旋千斤顶和液压千斤顶三种。

(1)齿条式千斤顶。

见图 2-71,齿条千斤顶由手柄、棘轮、棘爪、齿轮和齿条组成,它的起重能力一般为 3～5t,最大起重高度 400mm,齿条千斤顶升降速度快,能顶升离地面较低的设备,操作时,转动千斤顶上的手柄,即可顶起设备,停止转动时,靠棘爪、棘轮机构自锁。设备下降时,放松齿条式千斤顶,注意不能突然下降,使棘爪与棘轮脱开,要控制手柄缓慢的逆动,防止设备重力驱动手柄飞速回转而致事故发生。

(2)螺旋式千斤顶。

螺旋式千斤顶是利用螺纹的升角小于螺杆与螺母间的摩擦角,因而具有自锁作用,在设备重力作用下不会自行下落。

①固定式千斤顶。见图 2-72,其技术规格见表 2-39。

表 2-39 　　　　　　Q 型固定螺旋千斤顶技术规格

起重量 /t	起升高度 /mm	螺杆落下最小高度 /mm	底座直径 /mm	自重/kN	
				普通式	棘轮式
5	240	410	148	210	210
8	240	410		240	280
10	290	560	180	270	320
12	310	560		310	360
15	330	610	226	350	400
18	355	610		390	520
20	370	660		440	600

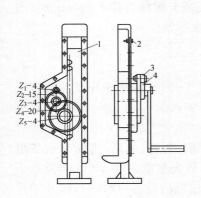

图 2-71　齿条式千斤顶

1—齿条；2—连接螺钉；

3—棘爪；4—棘轮

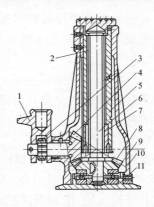

图 2-72　Q 型螺旋固定式千斤顶

1—摇把；2—导向键；3—棘轮组；

4—小圆锥齿轮；5—升降套筒；6—丝杆；

7—铜螺母；8—大圆锥齿轮；

9—单向推力球轴承；10—壳体；11—底座

②移动式螺旋千斤顶。见图 2-73,其顶升部分构造与固定式螺旋千斤顶基本相同,只是在底部装有一个水平螺杆机构,用手柄转动横向螺杆即可将千斤顶与所顶设备一起在水平方向移动,在设备安装需要水平移位时更加方便,移动式螺旋千斤顶的技术规格见表 2-40。

表 2-40　　　　　　　　移动式螺旋式千斤顶技术规格

起重量 /kN	顶起高度 /mm	螺杆落下最小高度 /mm	水平移动距离 /mm	自重 /kN
80	250	510	175	400
100	280	540	300	800
125	300	660	300	850
150	345	660	300	1000
175	350	660	360	1200
200	360	680	360	1450
250	360	690	370	1650
300	360	730	370	2250

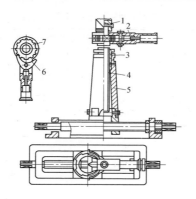

图 2-73 移动式螺旋千斤顶
1—千斤顶头部;2—棘轮手柄;3—青铜轴套;
4—螺杆;5—壳体;6—制动爪;7—棘轮

(3)液压千斤顶。

液压千斤顶见图 2-74,主要
由工作油缸、起重活塞、柱塞泵、
手柄等几部分组成,主要零件有
油泵芯、缸、胶碗、活塞杆、缸、胶
碗,外壳,底座,手柄,工作油,放
油阀等。它以液体为介质,通过
油泵将机械能转变为压力能,进
入油缸后又将压力能转变为机
械能,推动油缸活塞,顶起重物,
其工作原理是利用液压原理。

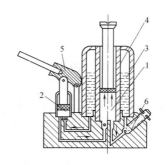

图 2-74 液压千斤顶
1—工作液压缸;2—液压泵;3—液体;
4—活塞;5—摇把;6—回液阀

液压千斤顶的起重能力,不仅与工作压力有关,还与活塞直径有
关,液压千斤顶起重量大、效率高、工作平稳,有自锁性,回程简
便,液压千斤顶的技术规格见表 2-41。

表 2-41　　　　　　　国产 YQ₁ 型液压千斤顶技术性能

型号	起重量 /kN	起升高度 /mm	最低高度 /mm	公称压力 /kPa	手柄长度 /mm	手柄作用 力/N	自重 /N
YQ₁1.5	15	90	164	33	450	270	25
YQ₁3	30	130	200	42.5	550	290	35
YQ₁5	50	160	235	52	620	320	51
YQ₁10	100	160	245	60.2	700	320	86
YQ₁20	200	180	285	70.7	1000	280	180
YQ₁32	320	180	290	72.4	1000	310	260
YQ₁50	500	180	305	78.6	1000	310	400
YQ₁100	1000	180	350	75.4	1000	310×2	970
YQ₁200	2000	200	400	70.6	1000	400×2	2430
YQ₁320	3200	200	450	70.7	1000	400×2	4160

　　液压千斤顶只能直立放置使用并禁止做永久支撑,需较长时间支撑设备时,应在设备下搭设支座,以保证安全。

　　用油规定:油压千斤顶工作环境温度在$-5\sim35℃$时,使用专用锭子油或仪表油,并须保持油量及油质清洁。

　　(4)千斤顶的使用。

　　千斤顶使用时,应先确定起重物的重心,正确选择千斤顶的着力点,考虑放置千斤顶的方向,以便手柄操作方便。

　　用千斤顶顶升较大和较重的卧式物体时,可先抬起一端但斜度不得超过 3°(1:20),并在物件与地面间设置保险垫。

　　如选用两台以上千斤顶同时工作时,每台千斤顶的起重能力不得小于其计算载荷的 1.2 倍,以防止顶升不同步而使个别千斤顶超载而损坏。

3. 卷扬机

　　卷扬机种类较多,按驱动方式有手摇卷扬机和电动卷扬机之分。

(1)手摇卷扬机。

手摇卷扬机又称手摇绞车,多用于起重量不大的起重作业或配合桅杆起重机等作垂直起吊工作,起重量有 0.5t、1t、3t、5t、10t 等几种,常用的移动式手摇卷扬机技术规格见表 2-42。

表 2-42　　　　小型手摇卷扬机技术规格和性能

项目		单位	0.5 型	1 型	3 型	5 型
最外层额定牵引力		N	5000	10000	30000	50000
卷筒	直径	mm	130	180	200	280
	宽度	mm	460	500	520	670
	容绳长度	m	100	150	200	200
	缠绕层数	层	4	5	7	6
钢丝绳直径		mm	7.7	11	15.5	18.5

手摇卷扬机的升降速度快慢是通过改变齿轮传动比来实现的,随着起重量的增大,齿轮传动的总传动比也应增大。

(2)电动卷扬机。

电动卷扬机按滚筒形式分有单滚筒和双滚筒两种,按传动形式有可逆式和摩擦式之分,其起重量有多种规格,常用电动卷扬机的规格和技术性能见表 2-43。

表 2-43　　　　常用电动卷扬机规格和技术性能

类型	起重能力 /t	滚筒直径×长度 /mm	平均绳速 /(m/min)	缠绳量 /(m/直径)	电动机功率 /kW
单滚筒	1	$\phi200\times350$	36	$200/\phi12.5$	7
单滚筒	3	$\phi340\times500$	7	$110/\phi12.5$	7.5
单滚筒	5	$\phi400\times840$	7.8	$190/\phi24$	11
双滚筒	3	$\phi350\times500$	27.5	$300/\phi16$	28
双滚筒	5	$\phi220\times600$	32	$500/\phi22$	40

续表

类型	起重能力 /t	滚筒直径×长度 /mm	平均绳速 /(m/min)	缠绳量 /(m/直径)	电动机功率 /kW
单滚筒	7	$\phi800\times1050$	6	$1000/\phi31$	20
单滚筒	10	$\phi750\times1312$	6.5	$1000/\phi31$	22
单滚筒	20	$\phi850\times1324$	10	$600/\phi42$	55

　　卷扬机的主要工作参数是它的牵引力、钢丝绳的速度和钢丝绳的容量。

　　一般可逆齿轮箱式卷扬机牵引速度慢,牵引力大,荷重下降时安全可靠,适用于设备的安装起重作业。

　　可逆式电动卷扬机见图 2-75,它由电动机、减速齿轮箱、滚筒、电磁制动器、可逆控制器及底盘等组成,其传动示意图见图 2-76。

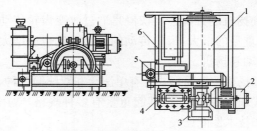

图 2-75　可逆式电动卷扬机

1—卷筒;2—电动机;3—电磁式闸瓦制动器;4—减速箱;
5—控制开关;6—电阻箱

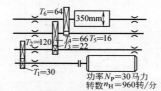

图 2-76　可逆式电动卷扬机传动示意图

电动卷扬机牵引力大小与电动机功率、钢丝绳速度和效率有关,其计算公式为:

$$S = 1020 \frac{N}{V} \eta$$

式中　S——牵引力,N;

　　　N——电动机功率,kW;

　　　V——钢丝绳的速度,m/s;

　　　η——总效率,一般取 0.65~0.70。

(3)电动卷扬机的试验。

电动卷扬机是重要的起重机械,在使用前须进行安全性能检查,其检查步骤及试验项目为先进行外部检查和进行空载试验,合格后再进行载荷运转试验。

①空载荷试验。

a. 有条件时应在试验架上进行。否则应将卷扬机安装可靠后,才能进行试验。供电线路及接地装置必须合乎规定。电动机在额定载荷工作时,电源电压与额定电压偏差应符合规定。

b. 空运转试验不少于 10min,机器运转正常,各转动部分必须平稳,无跳动和过大的噪声。传动齿轮不允许有冲击声和周期性强弱声音。

c. 试验制动器与离合器,各操纵杆的动作必须灵活、正确、可靠,不得有卡住现象。离合器分离完全,操作轻便。

d. 测定电动机的三相电流,每相电流的偏差应符合规定。

②载荷运转试验。

载荷运转试验的时间应不少于 30min。对于慢速卷扬机应按下列顺序进行:

a. 载荷量应逐渐增加,最后达到额定载荷的 110%。

b. 运转应反、正方向交替进行,提升高度不低于 2.5m,并在悬空状态进行启动与制动。

c. 运转时试验制动器，必须保持工作可靠，制动时钢丝绳下滑量不超过 50mm。

d. 运转中涡轮箱和轴承温度不超过 60℃。

③对快速卷扬机应按以下顺序进行：

a. 载荷量应逐渐增加，直至满载荷为止，提升和下降按下列操作方法，试验安全制动各 2～3 次，每次均应工作可靠，使卷筒卷过两层，安装刹车柱的指示销。

b. 操作制动器时，手柄上所使用的力不应超过 80N。

c. 在满载荷试验合格后，应再作超载提升试验 2～3 次，超载量为 10%。

d. 在试验中轴承温度应不超过 60℃。

e. 测定载荷电流，满载时的稳定电流和最大电流应符合原机要求。

试动转后，检查各部固定螺栓应无松动，齿轮箱密封良好、无漏油，齿轮啮合面达到要求。

(4)电动卷扬机使用注意事项。

卷扬机及滑车的选配时其依据主要是设备的高度及起吊速度，施工中应根据具体情况合理选择。

①卷扬机应安装在平坦、坚实、视野开阔的地点。布置方位应正确，固定牢靠，可采用地锚或利用就近的钢筋混凝土基础，对较长期定位使用的卷扬机，则可浇筑钢筋混凝土基础，短期使用者应将机座牢固置于木排上，机座木排前面打桩，后面加压力平衡，以防滑动或倾覆。长期置于露天的卷扬机应设防雨棚。

②卷筒上的钢丝绳应分层排列整齐，且不得高于端部挡板，绳头在卷筒上应卡固牢靠，所选用的钢丝绳的直径应与卷筒相匹配，亦即卷扬机卷筒直径与所用钢丝绳的直径有关，一般卷筒

直径是钢丝绳的 16~25 倍。

③卷扬机操作者须经专业考试合格持证上岗,熟悉卷扬机的结构、性能及使用维护知识,严格按规程操作,在进行大型吊装作业及危险作业时,除操作者外,应设专人监护卷扬机运行情况,发现异常及时处理并报告总指挥者。使用两台或多台卷扬机吊装同一重物时,其卷扬机的牵引速度和起重量等参数应尽量相同(或相符),并须统一指挥、统一行动,做到同步起升或降落。

④卷扬机的维护保养。

在起吊及运输设备过程中,卷扬机的好坏将直接影响到设备的安全、可靠吊装与运输,故需加强卷扬机的维护保养。

a. 日常维护保养。应经常保持机械、电气部分清洁,各活动部分充分润滑,经常需检查各部件连接情况是否正常,制动器、离合器、轴承座、操作控制器等是否牢靠,动作是否失灵,出现问题及时更换;经常检查钢丝绳状况,连接是否牢固,有无磨损断丝,出现问题及时处理或更换,工作结束后应收拢钢丝绳,加上防护罩,断开电源,拔出保险。

b. 定期维护保养。一般卷扬机工作 100~300h 后应进行一级维护,即对机械部分进行全面清洗,重新润滑,检查各部分工作状况,更换或补充润滑油至规定油位。卷扬机工作 600h 后,应进行二级维护,其内容为测定电机绝缘电阻,拆检电动机,减速器、制动器及电源系统,清洗电动机轴承,更换润滑油,详细检查钢丝绳的质量状况等。

🌓 4. 手动、电动葫芦

(1)手拉葫芦。

手拉葫芦又称神仙葫芦、链条葫芦或捯链,是一种使用简便、易于携带、应用广泛的手动起重机械。它适用于小型设备和重物的短距离吊装,起重量一般不超过 10t,最大的可达 20t,起重高度一般不超过 6m。

手拉葫芦的构造见图 2-77,主要由链轮、手拉链、传动机械、起重链及上下吊钩等几部分组成。

目前使用较多的是国产 HS 手拉葫芦,其规格见表 2-44。

表 2-44　　　　　　　　　　　　HS 手拉葫芦技术性能表

型号	HS $\frac{1}{2}$	HS1	HS1 $\frac{1}{2}$	HS2	HS2 $\frac{1}{2}$	HS3	HS5	HS7 $\frac{1}{2}$	HS10	HS15	HS20
起重量/t	0.5	1	1.5	2	2.5	3	5	7.5	10	15	20
标准起升高度/m	2.5	2.5	2.5	2.5	2.5	3	3	3	3	3	3
满载链拉力/N	197	310	350	320	390	350	350	395	400	415	400
净重	70	100	150	140	250	240	240	480	680	1050	1500

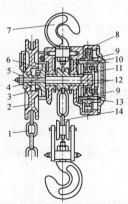

图 2-77　手拉葫芦(手动链式起重机)

1—手拉链;2—链轮;3—棘轮圈;4—链轮轴;5—圆盘;

6—摩擦片;7—吊钩;8—齿圈;9—齿轮;10—齿轮轴;

11—起重链轮;12—齿轮;13—驱动机构;14—起重链子

手拉葫芦具有体积小、重量轻、结构紧凑、手拉力小、携带方便、使用安全等特点,它不仅用于吊装,还可用于桅杆、缆风绳的张紧,设备短距离的水平拖动乃至找平、找正等,应用十分广泛,一般起吊重物时常将其与三脚架配合使用。

手拉葫芦使用注意事项:

①使用前应检查其传动、制动部分是否灵活可靠,传动部分应保持良好润滑,但润滑油不能渗至摩擦片上,以防影响制动效果,链条应完好无损,销子牢固可靠,查明额定起重能力,严禁超载使用。手拉葫芦当吊钩磨损量超过 10%,必须更换新钩。

②使用时,拉链中应避免小链条跳出轮槽或吊钩链条打扭,在倾斜或水平方向使用时,拉链方向应与链轮方向一致,以防卡链或掉链,接近满负载时,小链拉力应在 400N(40kgf)以下,如拉不动应查明原因,不得以增加人数的方法强拉硬拽。使用中链条葫芦的大链严禁放尽,至少应留 3 扣以上。

③已吊起的设备需停留时间较长时,必须将手拉链拴在起重链上,以防时间过久而自锁失灵,另外除非采取了其他能单独承受重物重量吊挂或支承的保护措施,否则操作人员不得离开。

(2)电动葫芦。

电动葫芦是把电动机、减速器,卷筒及制动装置等组合在一起的小型轻便的起重设备。它结构紧凑,轻巧灵活,广泛应用于中小物体的起重吊装工作中,它可以固定悬挂在高处,仅作垂直提升,也可悬挂在可沿轨道行走的小车上,构成单梁或简易双梁吊车。电动葫芦操作也很方便,由电动葫芦上悬垂下一个按钮盒,人在地面即可控制其全部动作。

电动葫芦的构造见图 2-78,卷筒位于中央,电动机位于两侧。

国产 CD 和 MP 型(双速)电葫芦其起重量为 0.5～10t,起

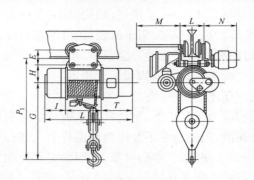

图 2-77　电动葫芦的构造

升高度 6～30m,起升速度一般为 8m/min,用途较广,另外,MD 型双速电动葫芦还有一个 0.8m/min 的低速起升速度,可用作精密安装装夹工件等要求精密调整的工作。电动葫芦技术性能见表 2-45。

表 2-45　　　　　　　　　CD、MD 型电动葫芦技术性能

型号	起升重力/kN	起升速度/(m/min)	运行速度/(m/min)	钢丝绳直径/mm	电动机						自重/kN
					主起升		辅起升		运行		
					功率/kW	转速/(r/min)	功率/kW	转速/(r/min)	功率/kW	转速/(r/min)	
CD MD	0.5	5	8	20	—	0.8	1380	0.2	1380	0.2	1380	1.2～1.63
CD MD	1	10	8	20 30 60	7.6	1.5	1380	0.2	1380	0.4	1380	1.47～2.22
CD MD	2	30	8	20 30 60	11	3	1380	0.4	1380	0.4	1380	2.35～3.95

型号	起升重力/kN	起升速度/(m/min)	运行速度/(m/min)	钢丝绳直径/mm	电动机						自重/kN
					主起升		辅起升		运行		
					功率/kW	转速/(r/min)	功率/kW	转速/(r/min)	功率/kW	转速/(r/min)	
CD MD 3	30	8	20 30 60	13	4.5	1380	0.4	1380	0.4	1380	2.9~4.4
CD MD 5	50	8	20 30 60	15.5	7.5	1380	0.8	1380	0.8	1380	4.6~6.9
CD MD 10	100	7	20	15.5	13	1400	—	—	0.75×2	1380	10.4~13.8

电动葫芦使用注意事项：

①不能在有爆炸危险或有酸碱类的气体环境中使用,不能用于运送熔化的液体金属及其他易燃易爆物品。

②不准超载使用。

③按规定定期润滑各运动部件。

④电动机轴向移动量 δ 出厂时已调整到 1.5m 左右,使用中它将随制动环的磨损而逐渐加大,如发现制动后重物下滑量较大,应及时对制动器进行调整,直至更换新环,以保证制动安全。

六、其他机械

建筑工程中使用的中小型机械设备还有很多,例如装修工程中使用的喷涂机械、地面整修机械、装修吊篮,安装工程中使用的套丝机等。

夯实机械是利用夯本身的质量和夯的冲击运动或振动,对被压实的材料施加动压力,以提高其密实度、强度和承载能力等的压实机械。它的主要特点是轻便灵活,特别适用于压实边坡、沟槽、基坑等狭窄场所,在大型工程中与其他压实机械配套,完成大型机械所不能完成的边角区域的压实。

1. 蛙式打夯机

蛙式打夯机是目前使用最广泛的夯机,它具有操作方便、结构简单、经久耐用、夯实效果好、易维修、价格低等优点。

(1)蛙式打夯机的构造及原理。

蛙式打夯机是由夯头、动力和传动系统、底盘三部分组成的,见图 2-79。

电动机经过二级减速,使夯头上的大皮带轮旋转,利用偏心块在旋转中产生的能量,使夯头上下周期夯击,在夯击的同时,夯实机也能自行前进。蛙式打夯机就是利用重心偏置的原理,由惯性驱使打夯机像青蛙一样,一跳一跳地夯实地面。

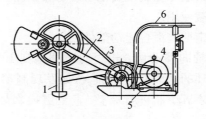

图 2-79　蛙式打夯机

1—夯头;2—夯架;3—三角皮带;

4—电动机;5—底盘;6—手把

(2)蛙式打夯机的技术参数。

蛙式打夯机技术参数见表 2-46。

表 2-46	蛙式打夯机技术参数	
序号	项目	指标
1	夯击能量	50kg·m
2	夯头抬高	150～200mm
3	前进速度	8～10m/min
4	夯击频率	140 次/min
5	电机功率	2.2kW
6	电机转速	1460r/min
7	整机重量	175kg
8	体　积	1530mm×500mm×800mm

（3）蛙式打夯机的操作要点。

①夯机使用前检查绝缘线路、漏电保护器、定向开关、皮带、偏心块等，确认无问题方可使用。

②夯机操作时，要两人操作：一人扶夯机，一人整理线路，防止夯头夯打电源线。

③夯机拐弯时，不得猛拐或撒把不扶，任其自由行走。

④夯机作业时，夯机前进方向和靠近 2m 范围内不得有人；多台夯机夯打时，其并列间距不得小于 5m，前后间距不得小于 10m；作业人员穿绝缘鞋、戴绝缘手套。

⑤随机的电源线应保持 3～4m 的余量，发现电源线缠绕、破裂时要及时断电，停止作业，马上修理。

⑥挪夯机前要断电，绑好偏心块，盘好缆线。工作完后断电锁好，放在干燥处。

⑦夯头轴承座和传动轴承座在每班工作后应检查和加添润滑油。

⑧夯机动臂滑动轴承和扶手转轴等处均装有压注式油杯，

每班工作后,应检查并加注润滑油。

⑨滚动轴承部位每工作 400h 时应检查并加注润滑油。

⑩每班工作后应彻底清除机身泥土,擦拭干净并加足各部润滑油。

(4)蛙式打夯机的安全操作要点。

①夯机在工作前应检查传动皮带是否良好,松紧度是否合适,皮带轮与偏心块的安装是否牢靠。

②夯实时夯土层必须摊铺平整,不准打坚石、金属及硬的土层。

③夯机扶手上应装按钮开关,并包绝缘材料。其电源电缆必须完好无损,作业时严禁夯击电源线,移动时应停机将电源线移至夯机后方,并应防止电源线扭结。

④手握扶手时要掌握机身平稳,不可用力向后压,以免影响夯机的跳动,但要随时注意夯机的行进方向,并及时加以调整。

2. 振动式冲击夯

振动式冲击夯是一种高效的小型夯实机械。主要用于公路建设,铁路建设,堤坝、农田水利、水库、建筑工程等工地基础的夯实,特别适合室内地面、庭院墙根、道路维修、沟槽等狭窄地带的夯实。

该类冲击夯一般体积小、重量轻、操作灵活、贴边性好、维护简单,夯实效果好。

(1)振动式冲击夯的构造及原理。

振动式冲击夯由原动机(汽油机或电动机)、联轴器、传动齿轮、连杆、内外缸体、夯板、扶手等组成,见图 2-80。

原动机动力由离合器传给小齿轮带动大齿轮转动,使安装

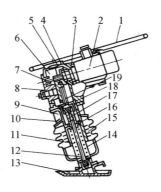

图 2-80　振动式冲击夯

1—扶手;2—电动机;3—联轴器;4—油封架;5—小齿轮轴;6—曲轴箱;

7—曲轴箱盖;8—大齿轮轴;9—外缸体;10—加油塞;11—内缸体;12—活塞杆;

13—夯板;14—弹簧;15—防尘拆箱;16—滑块;17—活塞头;18—活塞销;19—连杆

在大齿轮上的连杆带动活塞杆作上下往复运动,由于弹簧对其能量的吸收和释放,致使夯板快速跳动,对被夯材料产生冲击作用,从而取得夯实效果。由于机身与夯板倾斜了一个角度,所以夯机在冲击的同时会自动前进。振动式冲击夯就是利用弹簧伸缩来带动整个机体上下跳动,就如皮球跳动。

(2)振动式冲击夯的技术参数。

技术参数见表 2-47。

表 2-47　　　　　　　　　振动式冲击夯技术参数

参数	型号	
	HCD80	HCD70
夯板尺寸	320mm×280mm	300mm×280mm
跳起高度	40~65mm	40~65mm
冲击能量	60N·m	55J

续表

参数	型号	
	HCD80	HCD70
前进速度	15～25m/min	12.5m/min
冲击频率	585 次/min	580 次/min
电机功率	3kW	2.2kW
电机转速	2880r/min	2840r/min
整机重量	80kg	75kg

（3）振动式冲击夯的操作要点。

①使用前应详细阅读说明书，按规范作业。

②使用前应检查油量，按规定加注润滑油，严禁无油操作。

③电机异常发热，应停机检查原因，确认电机接地良好。

④电机接通电源后，检查电机旋向是否正确（从风叶方向看应为顺时针方向旋转），否则，应调换相序。

⑤夯机工作时，不宜将扶手握得过紧，以减少对人体的振动而产生的疲劳，扶手主要用于控制行进路线和方向。

⑥夯实回填土，应分层夯实，每层夯实高度不超过 25cm，往返夯实三遍。

⑦夯实较松填土或上坡时，可稍压扶手，保证夯机的前进速度。

⑧严禁夯打水泥路面及其他硬地面。

⑨夯机工作时，导线不能拉得过紧，留有 3～4m 余量。

⑩经常检查电线绝缘情况，防止漏电。

⑪工作时，如发现异常声响，要立即停机检查。

（4）振动式冲击夯的安全操作要点。

①内燃冲击夯启动后应让内燃机怠速运转 3～5min，然后

逐渐加大油门,待夯机跳动稳定后,便可进行作业。

②电动冲击夯启动时,应先检查电动机旋转方向是否正确,否则需调换相线。

③正常工作时,不要使劲往下压扶手,以免影响夯机跳起高度。

④在特别需要增加压实载荷的地方,可以通过扶手控制夯机在原地反复夯实。

⑤内燃夯机可通过调整油门的大小,在一定范围内改变夯机振动频率。

⑥转移工地时,先将夯机扶手稍向上抬起,把运输轮装入夯板上挂钩内,再压下扶手使重心后倾,推动扶手便可使夯机作短途运输。

⑦内燃机夯应避免在高速下连续工作,严禁在汽油机高速运转时按停车按钮,以免损坏汽油机。

⑧电动夯操作人员要戴绝缘手套和穿绝缘鞋,作业时,导线不能拉得过紧,注意导线绝缘表面保持良好,严禁冒雨作业。

⑨夯机严禁在水泥路面或其他坚硬地面上工作。

⑩第一次使用新机时,在使用后半小时内要求对各紧固件进行全面检查和紧固。

⑪新机开始使用前应按规定容量加入润滑油,以后每工作30h后更换一次,连续更换三次后,每工作100h更换一次(润滑油牌号为10号机油)。

⑫夯板下部装有放油旋塞,更换润滑油时,应将孔内的细铁屑清除干净。

⑬汽油机燃油必须按规定的20∶1的混合比加注润滑油。

⑭每天作业后应清除夯板上的泥沙和附着物,保持夯机清洁。

第3部分 中小型建筑机械操作工岗位安全常识

一、中小型建筑机械操作工安全基本知识

1. 施工现场安全生产的基本特点

（1）建筑产品的多样性。建筑结构是多样的，有混凝土结构、钢结构、木结构等；规模是多样的，从几百平方米到数百万平方米不等；建筑功能和工艺方法也同样是多样的。

建造不同的建筑产品，对人员、材料、机械设备、防护用品、施工技术等有不同的要法度，而且建筑现场环境也千差万别，这些差别决定了建设过程中总会面临新的建筑安全问题。

（2）施工条年的多变性。随着施工的推进，施工现场会从最初的地下十几米的深基坑变成耸立几百米的大楼，建设过程中的周边环境、作业条件、施工技术都在不断变化，包含着较高的风险。

（3）施工环境的危险性。建筑施工的高耗能、施工作业的高强度、施工现场的噪声、热量、有害气体和尘土等，以及施工工作露天作业，这些都是工人经常面对的不利工作环境的负荷。严寒和高温使得工人体力和注意力下降，雨雪天气会导致工作面的湿滑，这些都容易导致事故的发生。

（4）施工人员的流动性。建筑业属于劳动密集型行业，需要大量的人力资源。工人与施工单位间的短期雇佣关系，造成施

工单位对施工作用培训严重不足,使得施工人员违章操作时有发生。

2. 工人上岗的基本安全要求

(1)新工人上岗前必须签订劳动合同《中华人民共和国劳动法》规定:建立劳动关系应当订立劳动合同。劳动合同是劳动者与用人单位确立劳动关系、明确双方权利和义务的协议。

(2)新工人上岗前的"三级"教育记录

新进场的劳动者必须经过上岗前的"三级"安全教育,即:公司教育、项目部教育、班组教育。教育时间分别不少于 15 学时、15 学时、20 学时。有条件的企业应建立"民工安全流动学校"加强对职工的安全教育,经统一考核、统一发证后,方可上岗。

(3)重新上岗、转岗应接受安全教育

转换工作岗位和离岗后重新上岗人员,必须重新经过"三级"安全教育后才允许上岗工作。同时各个工种(瓦工、木工、钢筋工、中小型机械操作工等)应熟悉各自的安全操作规程。

(4)特种作业是指对操作者和其也工种作业人员以及对周围设施的安全有重大危险因素的作业。特种作业人员包括:电工、锅炉司炉工、起重工(包括各种起重司机、起重指挥和司索人员)、压力容器工、金属焊接(气割)工、安装拆卸工、场内机动车辆驾驶和建筑登高架设人员等。

(5)特种作业操作证,每两年复审一次。连续从事本工种 10 年以上的,经用人单位进行知识更新教育后,复审时间可延长至每四年一次。

(6)《中华人民共和国劳动法》规定:从事特种作业的劳动者,必须经过专门培训,并取得特种作业资格。

3. 进入施工现场的基本安全纪律

（1）进入施工现场必须戴好安全帽，系好帽带，并正确使用个人劳动防护用品。

（2）穿拖鞋、高跟鞋、赤脚或赤膊不准进入施工现场。

（3）未经安全教育培训合格不得上岗，非操作者严禁进入危险区域；特种作业必须持特种作业资格证上岗。

（4）凡 2m 以上的高处作业无安全设施，必须系好安全带；安全带必须先挂牢后再作业。

（5）高处作业材料和工具等物件不得上抛下掷。

（6）穿硬底鞋不得进行登高作业。

（7）机械设备、机具使用，必须做到"定人、定机"制度；未经有关人员同意，非操作人员不得使用。

（8）电动机械设备，必须有漏电保护装置和可靠保护接零，方可启动使用。

（9）未经有关人员批准，不得随意拆除安全设施和安全装置；因作业需要拆除的，作业完毕后，必须立即恢复。

（10）井字架吊篮、料斗不准乘人。

（11）酒后不准上班作业。

（12）作业前应对相关的作业人员进行安全技术交底。

二、现场施工安全操作基本规定

1. 杜绝"三违"现象

员工遵章守纪，是实现安全生产的基础。员工在生产过程中，不仅要有熟练的技术，而且必须自觉遵守各项操作规程和劳动纪律，远离"三违"，即违章指挥、违章操作、违反劳动纪律。

(1)违章指挥。企业负责人和有关管理人员法制观念淡薄，缺乏安全知识，思想上存有侥幸心理，对国家、集体的财产和人民群众的生命安全不负责任。明知不符合安全生产有关条件，仍指挥作业人员冒险作业。

(2)违章作业。作业人员没有安全生产常识，不懂安全生产规章制度和操作规程，或者在知道基本安全知识的情况下，在作业过程中，违反安全生产规章制度和操作规程，不顾国家、集体的财产和他人、自己的生命安全，擅自作业，冒险蛮干。

(3)违反劳动纪律。上班时不知道劳动纪律，或者不遵守劳动纪律，违反劳动纪律进行冒险作业，造成不安全因素。

2. 牢记"三宝"和"四口、五临边"

(1)"三宝"指安全帽、安全带、安全网。安全帽、安全带、安全网是工人的三件宝，只有正确佩戴和使用，才可以保证个人安全。

(2)"四口"指楼梯口、电梯井口、预留洞口、通道口。"五临边"是指尚未安装栏杆的阳台周边、无外架防护的层面周边、框架工程楼层周边、上下跑道及斜道的两侧边、卸料平台的侧边。

"四口、五临边"是施工现场最危险和最容易发生事故的地方，因此对施工现场重要危险部位进行正确的防护，可以有效地减少事故发生，为工人作业提供一个安全的环境。

3. 做到"三不伤害"

"三不伤害"是指不伤害自己、不伤害他人、不被他人伤害。

施工现场每一个操作人员和管理人员都要增强自我保护意识，同时也要对安全生产自觉负起监督的责任，才能达到全员安全的目的。

　　施工时经常有上下层或者不同工种、不同队伍互相交叉作业的情况，要避免这时候发生危险。相互间协调好，上层作业时，要对作业区域围蔽，有人值守，防止人员进入作业区下方。此外落物伤人，也是工地经常发生的事故之一，进入施工现场，一定要戴好安全帽。作业过程中，观察周围，不伤害他人，也不被他人伤害，这是工地安全的基本原则。自己不违章，只能保证不伤害自己，不伤害别人。要做到不被别人伤害，就要及时制止他人违章。制止他人违章既保护了自己，也保护了他人。

4. 加强"三懂三会"能力

　　"三懂三会"即懂得本岗位和部门有什么火灾危险性，懂得灭火知识，懂得预防措施；会报火警，会使用灭火器材，会处理初起火灾。

5. 掌握"十项安全技术措施"

　　(1)按规定使用安全"三宝"。

　　(2)机械设备防护装置一定要齐全有效。

　　(3)塔吊等起重设备必须有限位保险装置，不准带病运转，不准超负荷作业，不准在运转中维修保养。

　　(4)架设电线线路必须符合当地电业局的规定，电气设备必须全部接零接地。

　　(5)电动机械和手持电动工具要设置漏电保护器。

　　(6)脚手架材料及脚手架的搭设必须符合规程要求。

　　(7)各种缆风绳及其设置必须符合规程要求。

　　(8)在建工程的楼梯口、电梯口、预留洞口、通道口，必须有防护设施。

（9）严禁赤脚或穿高跟鞋、拖鞋进入施工现场，高空作业不准穿硬底和带钉易滑的鞋靴。

（10）施工现场的悬崖、陡坎等危险地区应设警戒标志，夜间要设红灯示警。

6.施工现场行走或上下的"十不准"

（1）不准从正在起吊、运吊中的物件下通过。

（2）不准从高处往下跳或奔跑作业。

（3）不准在没有防护的外墙和外壁板等建筑物上行走。

（4）不准站在小推车等不稳定的物体上操作。

（5）不得攀登起重臂、绳索、脚手架、井字架、龙门架和随同运料的吊盘及吊装物上下。

（6）不准进入挂有"禁止出入"或设有危险警示标志的区域、场所。

（7）不准在重要的运输通道或上下行走通道上逗留。

（8）未经允许不准私自进入非本单位作业区域或管理区域，尤其是存有易燃、易爆物品的场所。

（9）严禁在无照明设施、无足够采光条件的区域、场所内行走、逗留。

（10）不准无关人员进入施工现场。

7.做到"十不盲目操作"

做到"十不盲目操作"，是防止违章和事故的基本操作要求。

（1）新工人未经三级安全教育，复工换岗人员未经安全岗位教育，不盲目操作。

（2）特殊工种人员、机械操作工未经专门安全培训，无有效安全上岗操作证，不盲目操作。

(3)施工环境和作业对象情况不清,施工前无安全措施或作业安全交底不清,不盲目操作。

(4)新技术、新工艺、新设备、新材料、新岗位无安全措施,未进行安全培训教育、交底,不盲目操作。

(5)安全帽和作业所必需的个人防护用品不落实,不盲目操作。

(6)脚手、吊篮、塔吊、井字架、龙门架、外用电梯、起重机械、电焊机、钢筋机械、木工平刨、圆盘锯、搅拌机、打桩机等设施设备和现浇混凝土模板支撑、搭设安装后,未经验收合格,不盲目操作。

(7)作业场所安全防护措施不落实,安全隐患不排除,威胁人身和国家财产安全时,不盲目操作。

(8)凡上级或管理干部违章指挥,有冒险作业情况时,不盲目操作。

(9)高处作业、带电作业、禁火区作业、易燃易爆作业、爆破性作业、有中毒或窒息危险的作业和科研实验等其他危险作业的,均应由上级指派,并经安全交底;未经指派批准、未经安全交底和无安全防护措施,不盲目操作。

(10)隐患未排除,有自己伤害自己、自己伤害他人、自己被他人伤害的不安全因素存在时,不盲目操作。

8.“防止坠落和物体打击”的十项安全要求

(1)高处作业人员必须着装整齐,严禁穿硬塑料底等易滑鞋、高跟鞋,工具应随手放入工具袋中。

(2)高处作业人员严禁相互打闹,以免失足发生坠落事故。

(3)在进行攀登作业时,攀登用具结构必须牢固可靠,使用必须正确。

（4）各类手持机具使用前应检查,确保安全牢靠。洞口临边作业应防止物件坠落。

（5）施工人员应从规定的通道上下,不得攀爬脚手架、跨越阳台,不得在非规定通道进行攀登、行走。

（6）进行悬空作业时,应有牢靠的立足点并正确系挂安全带;现场应视具体情况配置防护栏网、栏杆或其他安全设施。

（7）高处作业时,所有物料应该堆放平稳,不可放置在临边或洞口附近,且不可妨碍通行。

（8）高处拆除作业时,对拆卸下的物料、建筑垃圾都要加以清理和及时运走,不得在走道上任意乱置或向下丢弃,保持作业走道畅通。

（9）高处作业时,不准往下或向上乱抛材料和工具等物件。

（10）各施工作业场所内,凡有坠落可能的任何物料,都应先行撤除或加以固定,拆卸作业要在设有禁区、有人监护的条件下进行。

9. 防止机械伤害的"一禁、二必须、三定、四不准"

（1）一禁。不懂电器和机械的人员严禁使用和摆弄机电设备。

（2）二必须。

①机电设备应完好,必须有可靠有效的安全防护装置。

②机电设备停电、停工休息时必须拉闸关机,按要求上锁。

（3）三定。

①机电设备应做到定人操作,定人保养、检查。

②机电设备应做到定机管理、定期保养。

③机电设备应做到定岗位和岗位职责。

(4)四不准。

①机电设备不准带病运转。

②机电设备不准超负荷运转。

③机电设备不准在运转时维修保养。

④机电设备运行时,操作人员不准将头、手、身伸入运转的机械行程范围内。

10."防止车辆伤害"的十项安全要求

(1)未经劳动、公安交通部门培训合格的持证人员,不熟悉车辆性能者不得驾驶车辆。

(2)应坚持做好例保工作,车辆制动器、喇叭、转向系统、灯光等影响安全的部件如作用不良,不准出车。

(3)严禁翻斗车、自卸车的车厢乘人,严禁人货混装,车辆载货应不超载、超高、超宽,捆扎应牢固可靠,应防止车内物体失稳跌落伤人。

(4)乘坐车辆应坐在安全处,头、手、身不得露出车厢外,要避免车辆启动制动时跌倒。

(5)车辆进出施工现场,在场内掉头、倒车,在狭窄场地行驶时应有专人指挥。

(6)现场行车进场要减速,并做到"四慢",即道路情况不明要慢,线路不良要慢,起步、会车、停车要慢,在狭路、桥梁弯路、坡路、叉道、行人拥挤地点及出入大门时要慢。

(7)临近机动车道的作业区和脚手架等设施以及道路中的路障,应加设安全色标、安全标志和防护措施,并要确保夜间有充足的照明。

(8)装卸车作业时,若车辆停在坡道上,应在车轮两侧用楔形木块加以固定。

（9）人员在场内机动车道应避免右侧行走，并做到不平排结队有碍交通；避让车辆时，应不避让于两车交会之中，不站于旁有堆物无法退让的死角。

（10）机动车辆不得牵引无制动装置的车辆，牵引物体时物体上不得有人，人不得进入正在牵引的物与车之间，坡道上牵引时，车和被牵引物下方不得有人作业和停留。

11."防止触电伤害"的十项安全操作要求

根据安全用电"装得安全、拆得彻底、用得正确、修得及时"的基本要求，为防止触电伤害的操作要求有：

（1）非电工严禁拆接电气线路、插头、插座、电气设备、电灯等。

（2）使用电气设备前必须检查线路、插头、插座、漏电保护装置是否完好。

（3）电气线路或机具发生故障时，应找电工处理，非电工不得自行修理或排除故障。

（4）使用振捣器等手持电动机械和其他电动机械从事湿作业时，要由电工接好电源，安装上漏电保护器，操作者必须穿戴好绝缘鞋、绝缘手套后再进行作业。

（5）搬迁或移动电气设备必须先切断电源。

（6）搬运钢筋、钢管及其他金属物时，严禁触碰到电线。

（7）禁止在电线上挂晒物料。

（8）禁止使用照明器烘烤、取暖，禁止擅自使用电炉和其他电加热器。

（9）在架空输电线路附近工作时，应停止输电，不能停电时，应有隔离措施，要保持安全距离，防止触碰。

（10）电线必须架空，不得在地面、施工楼面随意乱拖，若必须通过地面、楼面时,应有过路保护,物料、车、人不准压踏碾磨电线。

12. 施工现场防火安全规定

(1)施工现场要有明显的防火宣传标志。

(2)施工现场必须设置临时消防车道。其宽度不得小于3.5m,并保证临时消防车道的畅通,禁止在临时消防车道上堆物、堆料或挤占临时消防车道。

(3)施工现场必须配备消防器材,做到布局合理。要害部位应配备不少于 4 具的灭火器,要有明显的防火标志,并经常检查、维护、保养,保证灭火器材灵敏有效。

(4)施工现场消火栓应布局合理,消防干管直径不小于100mm,消火栓处昼夜要设有明显标志,配备足够的水龙带,周围 3m 内不准存放物品。地下消火栓必须符合防火规范。

(5)高度超过 24m 的建筑工程,应安装临时消防竖管。管径不得小于 75mm,每层设消火栓口,配备足够的水龙带。消防水要保证足够的水源和水压,严禁消防竖管作为施工用水管线。消防泵房应使用非燃材料建造,位置设置合理,便于操作,并设专人管理,保证消防供水。消防泵的专用配电线路应引自施工现场总断路器的上端,要保证连续不间断供电。

(6)电焊工、气焊工从事电气设备安装的电焊、气焊切割作业,要有操作证和用火证。用火前,要对易燃、可燃物采取清除、隔离等措施,配备看火人员和灭火器具,作业后必须确认无火源隐患后方可离去。用火证当日有效。用火地点变换,要重新办理用火证手续。

(7)氧气瓶、乙炔瓶工作间距不小于 5m,两瓶与明火作业距离不小于 10m。建筑工程内禁止氧气瓶、乙炔瓶存放,禁止使用液化石油气"钢瓶"。

(8)施工现场使用的电气设备必须符合防火要求。临时用电必须安装过载保护装置,电闸箱内不准使用易燃、可燃材料。严禁超负荷使用电气设备。

(9)施工材料的存放、使用应符合防火要求。库房应采用非燃材料支搭,易燃易爆物品应专库储存,分类单独存放,保持通风,用电符合防火规定。不准在工程内、库房内调配油漆、烯料。

(10)工程内部不准作为仓库使用,不准存放易燃、可燃材料,因施工需要进入工程内部的可燃材料,要根据工程计划限量进入并采取可靠的防火措施。废弃材料应及时消除。

(11)施工现场使用的安全网、密目式安全网、密目式防尘网、保温材料,必须符合消防安全规定,不得使用易燃、可燃材料。

(12)施工现场严禁吸烟,不得在建筑工程内部设置宿舍。

(13)施工现场和生活区,未经有关部门批准不得使用电热器具。严禁工程中明火保温施工及宿舍内明火取暖。

(14)从事油漆粉刷或防水等有毒及易燃危险作业时,要有具体的防火要求,必要时派专人看护。

(15)生活区的设置必须符合消防管理规定。严禁使用可燃材料搭设,宿舍内不得卧床吸烟,房间内住20人以上必须设置不少于2处的安全门,居住100人以上,要有消防安全通道及人员疏散预案。

(16)生活区的用电要符合防火规定。食堂使用的燃料必须符合使用规定,用火点和燃料不能在同一房间内,使用时要有专人管理,停火时将总开关关闭,经常检查有无泄漏。

三、高处作业安全知识

▷ 1. 高处作业的一般施工安全规定和技术措施

按照《高处作业分级》(GB/T 3608—2008)规定:凡在坠落高度基准面 2m 以上(含 2m)的可能坠落的高处所进行的作业,都称为高处作业。

在施工现场高处作业中,如果未防护、防护不好或作业不当都可能发生人或物的坠落。人从高处坠落的事故,称为高处坠落事故。物体从高处坠落砸着下面人的事故,称为物体打击事故。建筑施工中的高处作业主要包括临边、洞口、攀登、悬空、交叉作业等类型,这些是高处作业伤亡事故可能发生的主要地点。

高处作业时的安全措施有设置防护栏杆,孔洞加盖,安装安全防护门,满挂安全平立网,必要时设置安全防护棚等。

(1)施工前,应逐级进行安全技术教育及交底,落实所有安全技术措施和个人防护用品,未经落实时不得进行施工。

(2)高处作业中的安全标志、工具、仪表、电气设施和各种设备,必须在施工前加以检查,确认其完好,方能投入使用。

(3)悬空、攀登高处作业以及搭设高处安全设施的人员必须按照国家有关规定,经过专门的安全作业培训,并取得特种作业操作资格证书后,方可上岗作业。

(4)从事高处作业的人员必须定期进行身体检查,诊断患有心脏病、贫血、高血压、癫痫病、恐高症及其他不适宜高处作业的疾病时,不得从事高处作业。

(5)高处作业人员应头戴安全帽,身穿紧口工作服,脚穿防滑鞋,腰系安全带。

(6)高处作业场所有坠落可能的物体,应一律先行撤除或予以固定。所用物件均应堆放平稳,不妨碍通行和装卸。工具应随手放入工具袋,拆卸下的物件及余料和废料均应及时清理运走,清理时应采用传递或系绳提溜方式,禁止抛掷。

(7)遇有六级以上强风、浓雾和大雨等恶劣天气,不得进行露天悬空与攀登高处作业。台风暴雨后,应对高处作业安全设施逐一检查,发现有松动、变形、损坏或脱落、漏雨、漏电等现象,应立即修理完善或重新设置。

(8)所有安全防护设施和安全标志等,任何人都不得损坏或擅自移动和拆除。因作业必须临时拆除或变动安全防护设施、安全标志时,必须经有关施工负责人同意,并采取相应的可靠措施,作业完毕后立即恢复。

(9)施工中对高处作业的安全技术设施发现有缺陷和隐患时,必须立即报告,及时解决。危及人身安全时,必须立即停止作业。

2. 高处作业的基本安全技术措施

(1)凡是临边作业,都要在临边处设置防护栏杆,一般上杆离地面高度为 1.0～1.2m,下杆离地面高度为 0.5～0.6m;防护栏杆必须自上而下用安全网封闭,或在栏杆下边设置严密固定的高度不低于 18cm 的挡脚板或 40cm 的挡脚竹笆。

(2)对于洞口作业,可根据具体情况采取设防护栏杆、加盖板、张挂安全网与装栅门等措施。

(3)进行攀登作业时,作业人员要从规定的通道上下,不能在阳台之间等非规定通道进行攀登,也不得任意利用吊车车臂架等施工设备进行攀登。

(4)进行悬空作业时,要设有牢靠的作业立足处,并视具体情况设防护栏杆,搭设架手架、操作平台,使用马凳,张挂安全网或其他安全措施;作业所用索具、脚手板、吊篮、吊笼、平台等设备,均需经技术鉴定方能使用。

(5)进行交叉作业时,注意不得在上下同一垂直方向上操作,下层作业的位置必须处于依上层高度确定的可能坠落范围之外。不符合以上条件时,必须设置安全防护层。

(6)结构施工自二层起,凡人员进出的通道口(包括井架、施工电梯的进出口),均应搭设安全防护棚。高度超过 24m 时,防护棚应设双层。

(7)建筑施工进行高处作业之前,应进行安全防护设施的检查和验收。验收合格后,方可进行高处作业。

3. 高处作业安全防护用品使用常识

由于建筑行业的特殊性,高处作业中发生高处坠落、物体打击事故的比例最大。要避免伤亡事故,作业人员必须正确佩戴安全帽,调好帽箍,系好帽带;正确使用安全带,高挂低用;按规定架设安全网。

(1)安全帽。对人体头部受外力伤害(如物体打击)起防护作用的帽子。使用时要注意:

①选用经有关部门检验合格,其上有"安鉴"标志的安全帽。

②使用安全帽前先检查外壳是否破损,有无合格帽衬,帽带是否齐全,如果不符合要求则立即更换。

③调整好帽箍、帽衬(4~5cm),系好帽带。

(2)安全带。高处作业人员预防坠落伤亡的防护用品。使用时要注意:

①选用经有关部门检验合格的安全带,并保证在使用有效期内。

②安全带严禁打结、续接。

③使用中,要可靠地挂在牢固的地方,高挂低用,且要防止

摆动,避免明火和刺割。

④2m 以上的悬空作业,必须使用安全带。

⑤在无法直接挂设安全带的地方,应设置挂安全带的安全拉绳、安全栏杆等。

(3)安全网。用来防止人、物坠落或用来避免、减轻坠落及物体打击伤害的网具。使用时要注意:

①要选用有合格证的安全网;在使用时,必须按规定到有关部门检测、检验合格,方可使用。

②安全网若有破损、老化,应及时更换。

③安全网与架体连接不宜绷得太紧,系结点要沿边分布均匀、绑牢。

④立网不得作为平网使用。

⑤立网必须选用密目式安全网。

四、脚手架作业安全技术常识

▶ 1.脚手架的作用及常用架型

脚手架的搭设、拆除作业属悬空、攀登高处作业,其作业人员必须按照国家有关规定经过专门的安全作业培训,并取得特种作业操作资格证书后,方可上岗作业。其他无资格证书的作业人员只能做一些辅助工作,严禁悬空、登高作业。

脚手架的主要作用是在高处作业时供堆料、短距离水平运输及作业人员在上面进行施工作业。高处作业的五种基本类型的安全隐患在脚手架上作业中都会发生。

脚手架应满足以下基本要求:

(1)要有足够的牢固性和稳定性,保证施工期间在所规定的荷载和气候条件下,不产生变形、倾斜和摇晃。

（2）要有足够的使用面积，满足堆料、运输、操作和行走的要求。

（3）构造要简单，搭设、拆除和搬运要方便。

常用脚手架有扣件式钢管脚手架、门型钢管脚手架、碗扣式钢管架等。此外还有附着升降脚手架、吊篮式脚手架、挂式脚手架等。

2.脚手架作业一般安全技术常识

（1）每项脚手架工程都要有经批准的施工方案并严格按照此方案搭设和拆除，作业前必须组织全体作业人员熟悉施工和作业要求，进行安全技术交底。班组长要带领作业人员对施工作业环境及所需工具、安全防护设施等进行检查，消除隐患后方可作业。

（2）脚手架要结合工程进度搭设，结构施工时脚手架要始终高出作业面一步架，但不宜一次搭得过高。未完成的脚手架，作业人员离开作业岗位（休息或下班）时，不得留有未固定的构件，并应保证架子稳定。

脚手架要经验收签字后方可使用。分段搭设时应分段验收。在使用过程中要定期检查，较长时间停用、台风或暴雨过后使用前要进行检查加固。

（3）落地式脚手架基础必须坚实，若是回填土，必须平整夯实，并做好排水措施，以防止地基沉陷引起架子沉降、变形、倒塌。当基础不能满足要求时，可采取挑、吊、撑等技术措施，将荷载分段卸到建筑物上。

（4）设计搭设高度较小（15m 以下）时，可采用抛撑；当设计高度较大时，采用既抗拉又抗压的连墙点（根据规范用柔性或刚性连墙点）。

（5）施工作业层的脚手板要满铺、牢固，离墙间隙不大于

15cm,并不得出现探头板;在架子外侧四周设 1.2m 高的防护栏杆及 18cm 的挡脚板,且在作业层下装设安全平网;架体外排立杆内侧挂设密目式安全立网。

(6)脚手架出入口须设置规范的通道口防护棚;外侧临街或高层建筑脚手架,其外侧应设置双层安全防护棚。

(7)架子使用中,通常架上的均布荷载,不应超过规范规定。人员、材料不要太集中。

(8)在防雷保护范围之外,应按规定安装防雷保护装置。

(9)脚手架拆除时,应设警戒区和醒目标志,有专人负责警戒;架体上的材料、杂物等应消除干净;架体若有松动或危险的部位,应予以先行加固,再进行拆除。

(10)拆除顺序应遵循"自上而下,后装的构件先拆,先装的后拆,一步一清"的原则,依次进行。不得上下同时拆除作业,严禁用踏步式、分段、分立面拆除法。

(11)拆下来的杆件、脚手板、安全网等应用运输设备运至地面,严禁从高处向下抛掷。

五、施工现场临时用电安全知识

1.现场临时用电安全基本原则

(1)建筑施工现场的电工、电焊工属于特种作业工种,必须按国家有关规定经专门安全作业培训,取得特种作业操作资格证书,方可上岗作业。其他人员不得从事电气设备及电气线路的安装、维修和拆除。

(2)建筑施工现场必须采用 TN-S 接零保护系统,即具有专用保护零线(PE 线)、电源中性点直接接地的 220/380V 三相五线制系统。

（3）建筑施工现场必须按"三级配电二级保护"设置。

（4）施工现场的用电设备必须实行"一机、一闸、一漏、一箱"制，即每台用电设备必须有自己专用的开关箱，专用开关箱内必须设置独立的隔离开关和漏电保护器。

（5）严禁在高压线下方搭设临建、堆放材料和进行施工作业；在高压线一侧作业时，必须保持至少 6m 的水平距离，达不到上述距离时，必须采取隔离防护措施。

（6）在宿舍工棚、仓库、办公室内，严禁使用电饭煲、电水壶、电炉、电热杯等较大功率电器。如需使用，应由项目部安排专业电工在指定地点安装，可使用较高功率电器的电气线路和控制器。严禁使用不符合安全要求的电炉、电热棒等。

（7）严禁在宿舍内乱拉、乱接电源，非专职电工不准乱接或更换熔丝，不准以其他金属丝代替熔丝（保险丝）。

（8）严禁在电线上晾衣服和挂其他东西等。

（9）搬运较长的金属物体，如钢筋、钢管等材料时，应注意不要碰触到电线。

（10）在临近输电线路的建筑物上作业时，不能随便往下扔金属类杂物；更不能触摸、拉动电线或与电线接触的钢丝和电杆的拉线。

（11）移动金属梯子和操作平台时，要观察高处输电线路与移动物体的距离，确认有足够的安全距离，再进行作业。

（12）在地面或楼面上运送材料时，不要踏在电线上；停放手推车，堆放钢模板、跳板、钢筋时，不要压在电线上。

（13）移动有电源线的机械设备，如电焊机、水泵、小型木工机械等，必须先切断电源，不能带电搬动。

（14）当发现电线坠地或设备漏电时，切不可随意跑动和触摸金属物体，并应保持 10m 以上距离。

2. 安全电压

安全电压是为防止触电事故而采用的 50V 以下特定电源供电的电压系列,分为 42V、36V、24V、12V 和 6V 五个等级,根据不同的作业条件,选用不同的安全电压等级。建筑施工现场常用的安全电压有 12V、24V、36V。

以下特殊场所必须采用安全电压照明供电:

(1)室内灯具离地面低于 2.4m、手持照明灯具、一般潮湿作业场所(地下室、潮湿室内、潮湿楼梯、隧道、人防工程以及有高温、导电灰尘等)的照明,电源电压应不大于 36V。

(2)潮湿和易触及带电体场所的照明电源电压,应不大于 24V。

(3)在特别潮湿的场所、锅炉或金属容器内、导电良好的地面使用手持照明灯具等,照明电源电压不得大于 12V。

3. 电线的相色

(1)正确识别电线的相色。

电源线路可分为工作相线(火线)、专用工作零线和专用保护零线。一般情况下,工作相线(火线)带电危险,专用工作零线和专用保护零线不带电(但在不正常情况下,工作零线也可以带电)。

(2)相色规定。

一般相线(火线)分为 A、B、C 三相,分别为黄色、绿色、红色;工作零线为黑色;专用保护零线为黄绿双色线。

严禁用黄绿双色、黑色、蓝色线充当相线,也严禁用黄色、绿色、红色线作为工作零线和保护零线。

4. 插座的使用

要正确使用与安装插座。

（1）插座分类。

常用的插座分为单相双孔、单相三孔和三相三孔、三相四孔等。

（2）选用与安装接线。

①三孔插座应选用"品字形"结构,不应选用等边三角形排列的结构,因为后者容易发生三孔互换,造成触电事故。

②插座在电箱中安装时,必须首先固定安装在安装板上,接地极与箱体一起作可靠的 PE 保护。

③三孔或四孔插座的接地孔（较粗的一个孔）,必须置于顶部位置,不可倒置,两孔插座应水平并列安装,不准垂直并列安装。

④插座接线要求:对于两孔插座,左孔接零线,右孔接相线;对于三孔插座,左孔接零线,右孔接相线,上孔接保护零线;对于四孔插座,上孔接保护零线,其他三孔分别接 A、B、C 三根相线。

5. "用电示警"标志

正确识别"用电示警"标志或标牌,不得随意靠近、随意损坏和挪动标牌（表 3-1）。进入施工现场的每个人都必须认真遵守用电管理规定,见到用电示警标志或标牌时,不得随意靠近,更不准随意损坏、挪动标牌。

表 3-1　　　　　　　　　　用电示警标志分类和使用

分类 ＼ 使用	颜色	使用场所
常用电力标志	红色	配电房、发电机房、变压器等重要场所
高压示警标志	字体为黑色,箭头和边框为红色	需高压示警场所
配电房示警标志	字体为红色,边框为黑色(或字与边框交换颜色)	配电房或发电机房
维护检修示警标志	底为红色,字为白色(或字为红色,底为白色,边框为黑色)	维护检修时相关场所
其他用电示警标志	箭头为红色,边框为黑色,字为红色或黑色	其他一般用电场所

6. 电气线路的安全技术措施

(1)施工现场电气线路全部采用"三相五线制"(TN-S 系统)专用保护接零(PE 线)系统供电。

(2)施工现场架空线采用绝缘铜线。

(3)架空线设在专用电杆上,严禁架设在树木、脚手架上。

(4)导线与地面保持足够的安全距离。

导线与地面最小垂直距离:施工现场应不小于 4m;机动车道应不小于 6m;铁路轨道应不小于 7.5m。

(5)无法保证规定的电气安全距离时,必须采取防护措施。

如果由于在建工程位置限制而无法保证规定的电气安全距离,必须采取设置防护性遮拦、栅栏,悬挂警告标志牌等防护措施,发生高压线断线落地时,非检修人员要远离落地处 10m 以外,以防跨步电压危害。

（6）为了防止设备外壳带电发生触电事故,设备应采用保护接零,并安装漏电保护器等措施。作业人员要经常检查保护零线连接是否牢固可靠,漏电保护器是否有效。

（7）在电箱等用电危险地方,挂设安全警示牌。如"有电危险""禁止合闸,有人工作"等。

7. 照明用电的安全技术措施

施工现场临时照明用电的安全要求如下:

（1）临时照明线路必须使用绝缘导线。户内（工棚）临时线路的导线必须安装在离地 2m 以上的支架上;户外临时线路必须安装在离地 2.5m 以上的支架上,零星照明线不允许使用花线,一般应使用软电缆线。

（2）建设工程的照明灯具宜采用拉线开关。拉线开关距地面高度为 2～3m,与出口、入口的水平距离为 0.15～0.2m。

（3）严禁在床头设立开关和插座。

（4）电器、灯具的相线必须经过开关控制。

不得将相线直接引入灯具,也不允许以电气插头代替开关来分合电路,室外灯具距地面不得低于 3m;室内灯具不得低于 2.4m。

（5）使用手持照明灯具（行灯）应符合一定的要求:

①电源电压不超过 36V。

②灯体与手柄应坚固,绝缘良好,并耐热防潮湿。

③灯头与灯体结合牢固。

④灯泡外部要有金属保护网。

⑤金属网、反光罩、悬吊挂钩应固定在灯具的绝缘部位上。

(6)照明系统中每一单相回路上,灯具和插座数量不宜超过 25 个,并应装设熔断电流为 15A 以下的熔断保护器。

8.配电箱与开关箱的安全技术措施

施工现场临时用电一般采用三级配电方式,即总配电箱(或配电室),下设分配电箱,再以下设开关箱,开关箱以下就是用电设备。

配电箱和开关箱的使用安全要求如下:

(1)配电箱、开关箱的箱体材料,一般应选用钢板,亦可选用绝缘板,但不宜选用木质材料。

(2)配电箱、开关箱应安装端正、牢固,不得倒置、歪斜。

固定式配电箱、开关箱的下底与地面垂直距离应大于或等于 1.3m 且小于或等于 1.5m;移动式配电箱、开关箱的下底与地面的垂直距离应大于或等于 0.6m 且小于或等于 1.5m。

(3)进入开关箱的电源线,严禁用插销连接。

(4)电箱之间的距离不宜太远。

配电箱与开关箱的距离不得超过 30m。开关箱与固定式用电设备的水平距离不宜超过 3m。

(5)每台用电设备应有各自专用的开关箱,且必须满足"一机、一闸、一漏、一箱"的要求,严禁用同一个开关电器直接控制两台及两台以上用电设备(含插座)。

开关箱中必须设漏电保护器,其额定漏电动作电流应不大于 30mA,漏电动作时间应不大于 0.1s。

(6)所有配电箱门应配锁,不得在配电箱和开关箱内挂接或插接其他临时用电设备,开关箱内严禁放置杂物。

(7)配电箱、开关箱的接线应由电工操作,非电工人员不得乱接。

9. 配电箱和开关箱的使用要求

(1)在停电、送电时,配电箱、开关箱之间应遵守合理的操作顺序。

送电操作顺序:总配电箱→分配电箱→开关箱。

断电操作顺序:开关箱→分配电箱→总配电箱。

正常情况下,停电时首先分断自动开关,然后分断隔离开关;送电时先合隔离开关,后合自动开关。

(2)使用配电箱、开关箱时,操作者应接受岗前培训,熟悉所使用设备的电气性能和掌握有关开关的正确操作方法。

(3)及时检查、维修,更换熔断器的熔丝必须用原规格的熔丝,严禁用铜线、铁线代替。

(4)配电箱的工作环境应经常保持设置时的要求,不得在其周围堆放任何杂物,保持必要的操作空间和通道。

(5)维修机器停电作业时,要与电源负责人联系停电,要悬挂警示标志,卸下保险丝,锁上开关箱。

10. 手持电动机具的安全使用要求

(1)一般场所应选用Ⅰ类手持式电动工具,并应装设额定漏电动作电流不大于 15mA、额定漏电动作时间小于 0.1s 的漏电保护器。

(2)在露天、潮湿场所或金属构架上操作时,必须选用Ⅱ类手持式电动工具,并装设漏电保护器,严禁使用Ⅰ类手持式电动工具。

(3)负荷线必须采用耐用的橡皮护套铜芯软电缆。

单相用三芯(其中一芯为保护零线)电缆;三相用四芯(其中一芯为保护零线)电缆;电缆不得有破损或老化现象,中间不得有接头。

（4）手持电动工具应配备装有专用的电源开关和漏电保护器的开关箱，严禁一台开关接两台以上设备，其电源开关应采用双刀控制。

（5）手持电动工具开关箱内应采用插座连接，其插头、插座应无损坏、无裂纹，且绝缘良好。

（6）使用手持电动工具前，必须检查外壳、手柄、负荷线、插头等是否完好无损，接线是否正确（防止相线与零线错接）；发现工具外壳、手柄破裂，应立即停止使用并进行更换。

（7）非专职人员不得擅自拆卸和修理工具。

（8）作业人员使用手持电动工具时，应穿绝缘鞋，戴绝缘手套，操作时握其手柄，不得利用电缆提拉。

（9）长期搁置不用或受潮的工具在使用前应由电工测量绝缘阻值是否符合要求。

11. 触电事故及原因分析

（1）缺乏电气安全知识，自我保护意识淡薄。

电气设施安装或接线不是由专业电工操作，而是由非专业人员安装。安装人又无基本的电气安全知识，装设不符合电气基本要求，造成意外的触电事故。发生这种触电事故的原因都是缺乏电气安全知识，无自我保护意识。

（2）违反安全操作规程。

施工现场中，有人图方便，不用插头，在电箱乱拉乱接电线。还有人在宿舍私自拉接电线照明，在床上接音响设备、电风扇，有的甚至烧水、做饭等，极易造成触电事故。也有人凭经验用手去试探电器是否带电或不采取安全措施带电作业，或带着侥幸心理，在带电体（如高压线）周围，不采取任何安全措施，违章作业,造成触电事故等。

（3）不使用"TN-S"接零保护系统。

有的工地未使用"TN-S"接零保护系统,或者未按要求连接专用保护接零线,无有效地安全保护系统。不按"三级配电二级保护""一机、一闸、一漏、一箱"设置,造成工地用电使用混乱,易造成误操作,并且在触电时,使得安全保护系统未起可靠的安全保护效果。

（4）电气设备安装不合格。

电气设备安装必须遵守安全技术规定,否则由于安装错误,当人身接触带电部分时,就会造成触电事故。如电线高度不符合安全要求,太低,架空线乱拉、乱扯,有的还将电线拴在脚手架上,导线的接头只用老化的绝缘布包上,以及电气设备没有做保护接地、保护接零等,一旦漏电就会发生严重触电事故。

（5）电气设备缺乏正常检修和维护。

由于电气设备长期使用,易出现电气绝缘老化、导线裸露、胶盖刀闸胶木破损、插座盖子损坏等。如不及时检修,一旦漏电,将造成严重后果。

（6）偶然因素。

电力线被风刮断,导线接触地面引起跨步电压,当人走近该地区时就会发生触电事故。

六、起重吊装机械安全操作常识

1. 基本要求

塔式起重机、施工电梯、物料提升机等施工起重机械的操作(也称为司机)、指挥、司索等作业人员属特种作业,必须按国家有关规定经专门安全作业培训,取得特种作业操作资格证书,方可上岗作业。

　　施工起重机械（也称垂直运输设备）必须由有相应的制造（生产）许可证的企业生产，并有出厂合格证。其安装、拆除、加高及附墙施工作业，必须由有相应作业资格的队伍作业，作业人员必须按国家有关规定经专门安全作业培训，取得特种作业操作资格证书，方可上岗作业。其他非专业人员不得上岗作业。安装、拆卸、加高及附墙施工作业前，必须有经审批、审查的施工方案，并进行方案及安全技术交底。

2. 塔式起重机使用安全常识

　　(1)起重机"十不吊"。

　　①起重臂和吊起的重物下面有人停留或行走不准吊。

　　②起重指挥应由技术培训合格的专职人员担任，无指挥或信号不清不准吊。

　　③钢筋、型钢、管材等细长和多根物件必须捆扎牢靠，多点起吊。单头"千斤"或捆扎不牢靠不准吊。

　　④多孔板、积灰斗、手推翻斗车不用四点吊或大模板外挂板不用卸甲不准吊。预制钢筋混凝土楼板不准双拼吊。

　　⑤吊砌块必须使用安全可靠的砌块夹具，吊砖必须使用砖笼，并堆放整齐。木砖、预埋件等零星物件要用盛器堆放稳妥，叠放不齐不准吊。

　　⑥楼板、大梁等吊物上站人不准吊。

　　⑦埋入地下的板桩、井点管等以及粘连、附着的物件不准吊。

　　⑧多机作业，应保证所吊重物距离不小于 3m，在同一轨道上多机作业，无安全措施不准吊。

　　⑨六级以上强风不准吊。

⑩斜拉重物或超过机械允许荷载不准吊。

（2）塔式起重机吊运作业区域内严禁无关人员入内，起吊物下方不准站人。

（3）司机（操作）、指挥、司索等工种应按有关要求配备，其他人员不得作业。

（4）六级以上强风不准吊运物件。

（5）作业人员必须听从指挥人员的指挥，吊物起吊前作业人员应撤离。

（6）吊物的捆绑要求。

①吊运物件时，应清楚重量，吊运点及绑扎应牢固可靠。

②吊运散件物时，应用铁制合格料斗，料斗上应设有专用的牢固的吊装点；料斗内装物高度不得超过料斗上口边，散粒状的轻浮易撒物盛装高度应低于上口边线 10cm。

③吊运长条状物品（如钢筋、长条状方等），所吊物件应在物品上选择两个均匀、平衡的吊点，绑扎牢固。

④吊运有棱角、锐边的物品时，钢丝绳绑扎处应做好防护措施。

3. 施工电梯使用安全常识

施工电梯也称外用电梯，也有称为（人、货两用）施工升降机，是施工现场垂直运输人员和材料的主要机械设备。

（1）施工电梯投入使用前，应在首层搭设出入口防护棚，防护棚应符合有关高处作业规范。

（2）电梯在大雨、大雾、六级以上大风以及导轨架、电缆等结冰时，必须停止使用，并将梯笼降到底层，切断电源。暴风雨后，应对电梯各安全装置进行一次检查，确认正常，方可使用。

（3）电梯底笼周围 2.5m 范围，应设置防护栏杆。

(4)电梯各出料口运输平台应平整牢固,还应安装牢固可靠的栏杆和安全门,使用时安全门应保持关闭。

(5)电梯使用应有明确的联络信号,禁止用敲打、呼叫等方式联络。

(6)乘坐电梯时,应先关好安全门,再关好梯笼门,方可启动电梯。

(7)梯笼内乘人或载物时,应使载荷均匀分布,不得偏重;严禁超载运行。

(8)等候电梯时,应站在建筑物内,不得聚集在通道平台上,也不得将头手伸出栏杆和安全门外。

(9)电梯每班首次载重运行时,当梯笼升离地面1~2m时,应停机试验制动器的可靠性;当发现制动效果不良时,应调整或修复后方可投入使用。

(10)操作人员应根据指挥信号操作。作业前应鸣声示意。在电梯未切断总电源开关前,操作人员不得离开操作岗位。

(11)施工电梯发生故障的处理。

①当运行中发现异常情况时,应立即停机并采取有效措施,将梯笼降到底层,排除故障后方可继续运行。

②在运行中发现电梯失控时,应立即按下急停按钮;在未排除故障前,不得打开急停按钮。

③在运行中发现制动器失灵时,可将梯笼开至底层维修;或者让其下滑防坠安全器制动。

④在运行中发现故障时,不要惊慌,电梯的安全装置将提供可靠的保护;应听从专业人员的安排,或等待修复,或听从专业人员的指挥撤离。

(12)作业后,应将梯笼降到底层,各控制开关拨到零位,切断电源,锁好开关箱,闭锁梯笼门和围护门。

4. 物料提升机使用安全常识

物料提升机有龙门架、井字架式的,也有的称为(货用)施工升降机,是施工现场物料垂直运输的主要机械设备。

(1)物料提升机用于运载物料,严禁载人上下;装卸料人员、维修人员必须在安全装置可靠或采取了可靠的措施后,方可进入吊笼内作业。

(2)物料提升机进料口必须加装安全防护门,并按高处作业规范搭设防护棚,并设安全通道,防止从棚外进入架体中。

(3)物料提升机在运行时,严禁对设备进行保养、维修,任何人不得攀登架体或从架体内穿过。

(4)运载物料的要求。

①运送散料时,应使用料斗装载,并放置平稳;使用手推斗车装置于吊笼时,必须将手推斗车平稳并制动放置,注意车把手及车不能伸出吊笼。

②运送长料时,物料不得超出吊笼;物料立放时,应捆绑牢固。

③物料装载时,应均匀分布,不得偏重,严禁超载运行。

(5)物料提升机的架体应有附墙或缆风绳,并应牢固可靠,符合说明书和规范的要求。

(6)物料提升机的架体外侧应用小网眼安全网封闭,防止物料在运行时坠落。

(7)禁止在物料提升机架体上进行焊接、切割或者钻孔等作业,防止损伤架体的任何构件。

(8)出料口平台应牢固可靠,并应安装防护栏杆和安全门。运行时安全门应保持关闭。

(9)吊笼上应有安全门,防止物料坠落;并且安全门应与安全停靠装置联锁。安全停靠装置应灵敏可靠。

(10)楼层安全防护门应有电气或机械锁装置,在安全门未可靠关闭时,禁止吊笼运行。

(11)作业人员等待吊笼时,应在建筑物内或者平台内距安全门 1m 以外处等待。严禁将头、手伸出栏杆或安全门。

(12)进出料口应安装明确的联络信号,高架提升机还应有可视系统。

5. 起重吊装作业安全常识

起重吊装是指建筑工程中,采用相应的机械设备和设施来完成结构吊装和设施安装,属于危险作业,作业环境复杂,技术难度大。

(1)作业前应根据作业特点编制专项施工方案,并对参加作业人员进行方案和安全技术交底。

(2)作业时周边应设置警戒区域,设置醒目的警示标志,防止无关人员进入;特别危险处应设监护人员。

(3)起重吊装作业大多数作业点都必须由专业技术人员作业;属于特种作业的人员必须按国家有关规定经专门安全作业培训,取得特种作业操作资格证书,方可上岗作业。

(4)作业人员应根据现场作业条件选择安全的位置作业。在卷扬机与地滑轮穿越钢丝绳的区域,禁止人员站立和通行。

(5)吊装过程必须设有专人指挥,其他人员必须服从指挥。起重指挥不能兼作其他工种,并应确保起重司机清晰准确地听到指挥信号。

(6)作业过程必须遵守起重机"十不吊"原则。

(7)被吊物的捆绑要求,按塔式起重机被吊物捆绑作业要求。

(8)构件存放场地应该平整坚实。构件叠放用方木垫平,必须稳固,不准超高(一般不宜超过 1.6m)。构件存放除设置垫木外,必要时要设置相应的支撑,提高其稳定性。禁止无关人员在堆放的构件中穿行,防止发生构件倒塌挤人事故。

(9)在露天遇六级以上大风或大雨、大雪、大雾等天气时,应停止起重吊装作业。

(10)起重机作业时,起重臂和吊物下方严禁有人停留、工作或通过。重物吊运时,严禁人从上方通过。严禁用起重机载运人员。

(11)经常使用的起重工具注意事项。

①手动倒链:操作人员应经培训合格后方可上岗作业,吊物时应挂牢后慢慢拉动倒链,不得斜向拽拉。当一人拉不动时,应查明原因,禁止多人一齐猛拉。

②手搬葫芦:操作人员应经培训合格后方可上岗作业,使用前检查自锁夹钳装置的可靠性,当夹紧钢丝绳后,应能往复运动,否则禁止使用。

③千斤顶:操作人员应经培训合格后方可上岗作业,千斤顶置于平整坚实的地面上,并垫木板或钢板,防止地面沉陷。顶部与光滑物接触面应垫硬木,防止滑动。开始操作应逐渐顶升,注意防止顶歪,始终保持重物的平衡。

七、中小型施工机械安全操作常识

⚑ 1. 基本安全操作要求

施工机械的使用必须按"定人、定机"制度执行。操作人员必须经培训合格,方可上岗作业,其他人员不得擅自使用。机械使用前,必须对机械设备进行检查,各部位确认完好无损,并空载试运行,符合安全技术要求,方可使用。

施工现场机械设备必须按其控制的要求,配备符合规定的控制设备,严禁使用倒顺开关。在使用机械设备时,必须严格按照安全操作规程,严禁违章作业;发现有故障、有异常响动、温度异常升高时,都必须立即停机,经过专业人员维修,并检验合格后,方可重新投入使用。

操作人员应做到"调整、紧固、润滑、清洁、防腐"十字作业的要求,按有关要求对机械设备进行保养。操作人员在作业时,不得擅自离开工作岗位。下班时,应先将机械停止运行,然后断开电源,锁好电箱,方可离开。

2. 混凝土(砂浆)搅拌机安全操作要求

(1)搅拌机的安装一定要平稳、牢固。长期固定使用时,应埋置地脚螺栓;短期使用时,应在机座上铺设木枕或撑架找平,牢固放置。

(2)料斗提升时,严禁在料斗下工作或穿行。清理料斗坑时,必须先切断电源,锁好电箱,并将料斗双保险钩挂牢或插上保险插销。

(3)运转时,严禁将头或手伸入料斗与机架之间查看,不得用工具或物件伸入搅拌筒内。

(4)运转中严禁保养维修。维修保养搅拌机,必须拉闸断电,锁好电箱,挂好"有人工作,严禁合闸"牌,并有专人监护。

3. 混凝土振动器安全操作要求

常用的混凝土振动器有插入式和平板式。

(1)振动器应安装漏电保护装置,保护接零应牢固可靠。作业时操作人员应穿戴绝缘胶鞋和绝缘手套。

(2)使用前,应检查各部位无损伤,并确认连接牢固,旋转方向正确。

(3)电缆线应满足操作所需的长度。严禁用电缆线拖拉或吊挂振动器。振动器不得在初凝的混凝土、地板、脚手架和干硬的地面上进行试振。在检修或作业间断时,应断开电源。

(4)作业时,振动棒软管的弯曲半径不得小于500mm,并不得多于两个弯,操作时应将振动棒垂直地沉入混凝土,不得用力硬插、斜推或让钢筋夹住棒头,也不得全部插入混凝土中,插入深度不应超过棒长的3/4,不宜触及钢筋、芯管及预埋件。

(5)作业停止需移动振动器时,应先关闭电动机,再切断电源。不得用软管拖拉电动机。

(6)平板式振动器工作时,应使平板与混凝土保持接触,待表面出浆,不再下沉后,即可缓慢移动;运转时,不得搁置在已凝或初凝的混凝土上。

(7)移动平板式振动器应使用干燥绝缘的拉绳,不得用脚踢电动机。

4. 钢筋切断机安全操作要求

(1)机械未达到正常转速时,不得切料。切料时,应使用切刀的中、下部位,紧握钢筋对准刃口迅速投入,操作者应站在固定刀片一侧用力压住钢筋,应防止钢筋末端弹出伤人。严禁用两手在刀片两边握住钢筋俯身送料。

(2)不得剪切直径及强度超过机械铭牌规定的钢筋和烧红的钢筋。一次切断多根钢筋时,其总截面积应在规定范围内。

(3)切断短料时,手和切刀之间的距离应保持在150mm以上,如手握端小于400mm时,应采用套管或夹具将钢筋短头压住或夹牢。

(4)运转中严禁用手直接清除切刀附近的断头和杂物。钢筋摆动周围和切刀周围,不得停留非操作人员。

◗ 5.钢筋弯曲机安全操作要求

(1)应按加工钢筋的直径和弯曲半径的要求,装好相应规格的芯轴和成型轴、挡铁轴。芯轴直径应为钢筋直径的 2.5 倍。挡铁轴应有轴套,挡铁轴的直径和强度不得小于被弯钢筋的直径和强度。

(2)作业时,应将钢筋需弯曲一端插入转盘固定销的间隙内,另一端紧靠机身固定销,并用手压紧;应检查机身固定销并确认安放在挡住钢筋的一侧,方可开动。

(3)作业中,严禁更换轴芯、销子和变换角度以及调整,也不得进行清扫和加油。

(4)对超过机械铭牌规定直径的钢筋严禁进行弯曲。不直的钢筋不得在弯曲机上弯曲。

(5)在弯曲钢筋的作业半径内和机身不设固定销的一侧严禁站人。

(6)转盘换向时,应待停稳后进行。

(7)作业后,应及时清除转盘及插入座孔内的铁锈、杂物等。

◗ 6.钢筋调直切断机安全操作要求

(1)应按调直钢筋的直径,选用适当的调直块及传动速度。调直块的孔径应比钢筋直径大 2～5mm,传动速度应根据钢筋直径选用,直径大的宜选用慢速,经调试合格,方可作业。

(2)在调直块未固定、防护罩未盖好前不得送料。作业中严禁打开各部防护罩并调整间隙。

(3)当钢筋送入后,手与轮应保持一定的距离,不得接近。

(4)送料前应将不直的钢筋端头切除。导向筒前应安装一根 1m 长的钢管,钢筋应穿过钢管再送入调直机前端的导孔内。

7. 钢筋冷拉安全操作要求

(1)卷扬机的位置应使操作人员能见到全部的冷拉场地,卷扬机与冷拉中线的距离不得少于 5m。

(2)冷拉场地应在两端地锚外侧设置警戒区,并应安装防护栏及醒目的警示标志。严禁非作业人员在此停留。操作人员在作业时必须离开钢筋 2m 以外。

(3)卷扬机操作人员必须看到指挥人员发出的信号,并待所有的人员离开危险区后方可作业。冷拉应缓慢、均匀。当有停车信号或有人进入危险区时,应立即停拉,并稍稍放松卷扬机钢丝绳。

(4)夜间作业的照明设施,应装设在张拉危险区外。当需要装设在场地上空时,其高度应超过 5m。灯泡应加防护罩。

8. 圆盘锯安全操作要求

(1)锯片必须平整,锯齿尖锐,不得连续缺齿 2 个,裂纹长度不得超过 20mm。

(2)被锯木料厚度,以锯片能露出木料 10～20mm 为限。

(3)启动后,必须等待转速正常后,方可进行锯料。

(4)关料时,不得将木料左右晃动或者高抬,遇木节要慢送料。锯料长度不小于 500mm。接近端头时,应用推棍送料。

(5)若锯线走偏,应逐渐纠正,不得猛扳。

(6)操作人员不应站在锯片同一直线上操作。手臂不得跨越锯片工作。

9. 蛙式夯实机安全操作要求

(1)夯实作业时,应一人扶夯,一人传递电缆线,且必须戴绝缘手套和穿绝缘鞋。电缆线不得扭结或缠绕,且不得张拉过紧,应保持有 3～4m 的余量。移动时,应将电缆线移至夯机后方,不得隔机扔电缆线,当转向困难时,应停机调整。

(2)作业时,手握扶手应保持机身平衡,不得用力向后压,并应随时调整行进方向。转弯时不宜用力过猛,不得急转弯。

(3)夯实填高土方时,应在边缘以内 100～150mm 夯实 2～3 遍后,再夯实边缘。

(4)在较大基坑作业时,不得在斜坡上夯行,应避免造成夯头后折。

(5)夯实房心土时,夯板应避开房心地下构筑物、钢筋混凝土基桩、机座及地下管道等。

(6)在建筑物内部作业时,夯板或偏心块不得打在墙壁上。

(7)多机作业时,机平列间距不得小于 5m,前后间距不得小于 10m。

(8)夯机前进方向和夯机四周 1m 范围内,不得站立非操作人员。

10. 振动冲击夯安全操作要求

(1)内燃冲击夯启动后,内燃机应慢速运转 3～5min,然后逐渐加大油门,待夯机跳动稳定后,方可作业。

(2)电动冲击夯在接通电源启动后,应检查电动机旋转方向,有错误时应倒换相联系线。

(3)作业时应正确掌握夯机,不得倾斜,手把不宜握得过紧,能控制夯机前进速度即可。

（4）正常作业时，不得使劲往下压手把，以免影响夯机跳起高度。在较松的填料上作业或上坡时，可将手把稍向下压，增加夯机前进速度。

（5）电动冲击夯操作人员必须戴绝缘手套，穿绝缘鞋。作业时，电缆线不应拉得过紧，应经常检查线头安装，不得松动及引起漏电。严禁冒雨作业。

11. 潜水泵安全操作要求

（1）潜水泵宜先装在坚固的篮筐里再放入水中，亦可在水中将泵的四周设立坚固的防护围网。泵应直立于水中，水深不得小于 0.5m，不得在含有泥沙的水中使用。

（2）潜水泵放入水中或提出水面时，应先切断电源，严禁拉拽电缆或出水管。

（3）潜水泵应装设保护接零和漏电保护装置，工作时泵周围 30m 以内水面，不得有人、畜进入。

（4）应经常观察水位变化，叶轮中心至水平距离应在 0.5～3.0m 之间，泵体不得陷入污泥或露出水面。电缆不得与井壁、池壁相擦。

（5）每周应测定一次电动机定子绕组的绝缘电阻，其值应无下降。

12. 交流电焊机安全操作要求

（1）外壳必须有保护接零，应有二次空载降压保护器和触电保护器。

（2）电源应使用自动开关，接线板应无损坏，有防护罩。一次线长度不超过 5m，二次线长度不得超过 30m。

（3）焊接现场 10m 范围内，不得有易燃、易爆物品。

（4）雨天不得室外作业。在潮湿地点焊接时，要站在胶板或其他绝缘材料上。

（5）移动电焊机时，应切断电源，不得用拖拉电缆的方法移动。当焊接中突然停电时，应立即切断电源。

13. 气焊设备安全操作要求

（1）氧气瓶与乙炔瓶使用时的间距不得小于 5m，存放时的间距不得小于 3m，并且距高温、明火等不得小于 10m；达不到上述要求时，应采取隔离措施。

（2）乙炔瓶存放和使用必须立放，严禁倒放。

（3）在移动气瓶时，应使用专门的抬架或小推车；严禁氧气瓶与乙炔瓶混合搬运；禁止直接使用钢丝绳、链条捆绑搬运。

（4）开关气瓶应使用专用工具。

（5）严禁敲击、碰撞气瓶，作业人员工作时不得吸烟。

第4部分　相关法律法规及务工常识

一、相关法律法规(摘录)

1. 中华人民共和国建筑法(摘录)

第三十六条　建筑工程安全生产管理必须坚持安全第一、预防为主的方针,建立健全安全生产的责任制度和群防群治制度。

第四十四条　建筑施工企业必须依法加强对建筑安全生产的管理,执行安全生产责任制度,采取有效措施,防止伤亡和其他安全生产事故的发生。

建筑施工企业的法定代表人对本企业的安全生产负责。

第四十六条　建筑施工企业应当建立健全劳动安全生产教育培训制度,加强对职工安全生产的教育培训;未经安全生产教育培训的人员,不得上岗作业。

第四十七条　建筑施工企业和作业人员在施工过程中,应当遵守有关安全生产的法律、法规和建筑行业安全规章、规程,不得违章指挥或者违章作业。作业人员有权对影响人身健康的作业程序和作业条件提出改进意见,有权获得安全生产所需的防护用品。作业人员对危及生命安全和人身健康的行为有权提出批评、检举和控告。

第四十八条　建筑施工企业应当依法为职工参加工伤保险,缴纳工伤保险费,鼓励企业为从事危险作业的职工办理意外伤害保险,支付保险费。

第五十一条　施工中发生事故时,建筑施工企业应当采取紧急措施减少人员伤亡和事故损失,并按照国家有关规定及时向有关部门报告。

2. 中华人民共和国劳动法(摘录)

第三条　劳动者享有平等就业和选择职业的权利、取得劳动报酬的权利、休息休假的权利、获得劳动安全卫生保护的权利、接受职业技能培训的权利、享受社会保险和福利的权利、提请劳动争议处理的权利以及法律规定的其他劳动权利。劳动者应当完成劳动任务,提高职业技能,执行劳动安全卫生规程,遵守劳动纪律和职业道德。

第十五条　禁止用人单位招用未满十六周岁的未成年人。

第十六条　劳动合同是劳动者与用人单位确立劳动关系、明确双方权利和义务的协议。

建立劳动关系应当订立劳动合同。

第五十四条　用人单位必须为劳动者提供符合国家规定的劳动安全卫生条件和必要的劳动防护用品,对从事有职业危害作业的劳动者应当定期进行健康检查。

第五十五条　从事特种作业的劳动者必须经过专门培训并取得特种作业资格。

第五十六条　劳动者在劳动过程中必须严格遵守安全操作规程。劳动者对用人单位管理人员违章指挥、强令冒险作业,有权拒绝执行;对危害生命安全和身体健康的行为,有权提出批评、检举和控告。

第五十八条　国家对女职工和未成年工实行特殊劳动保护。

未成年工是指年满十六周岁、未满十八周岁的劳动者。

第六十八条　用人单位应当建立职业培训制度,按照国家规定提取和使用职业培训经费,根据本单位实际,有计划地对劳动者进行职业培训。从事技术工种的劳动者,上岗前必须经过培训。

第七十二条　用人单位和劳动者必须依法参加社会保险,缴纳社会保险费。

第七十七条　用人单位与劳动者发生劳动争议,当事人可以依法申请调解、仲裁、提起诉讼,也可协商解决。调解原则适用于仲裁和诉讼程序。

3. 中华人民共和国安全生产法（摘录）

第六条　生产经营单位的从业人员有依法获得安全生产保障的权利,并应当依法履行安全生产方面的义务。

第十七条　生产经营单位应当具备本法和有关法律、行政法规和国家标准或者行业标准规定的安全生产条件;不具备安全生产条件的,不得从事生产经营活动。

第十八条　生产经营单位的主要负责人对本单位安全生产工作负有下列职责:

(一)建立、健全本单位安全生产责任制;

(二)组织制定本单位安全生产规章制度和操作规程;

(三)组织制定并实施本单位安全生产教育和培训计划;

(四)保证本单位安全生产投入的有效实施;

(五)督促、检查本单位的安全生产工作,及时消除生产安全事故隐患;

(六)组织制定并实施本单位的生产安全事故应急救援预案;

（七）及时、如实报告生产安全事故。

第二十五条 生产经营单位应当对从业人员进行安全生产教育和培训，保证从业人员具备必要的安全生产知识，熟悉有关的安全生产规章制度和安全操作规程，掌握本岗位的安全操作技能，了解事故应急处理措施，知悉自身在安全生产方面的权利和义务。未经安全生产教育和培训合格的从业人员，不得上岗作业。

第二十七条 生产经营单位的特种作业人员必须按照国家有关规定经专门的安全作业培训，取得相应资格，方可上岗作业。

特种作业人员的范围由国务院安全生产监督管理部门会同国务院有关部门确定。

第四十一条 生产经营单位应当教育和督促从业人员严格执行本单位的安全生产规章制度和安全操作规程；并向从业人员如实告知作业场所和工作岗位存在的危险因素、防范措施以及事故应急措施。

第四十二条 生产经营单位必须为从业人员提供符合国家标准或者行业标准的劳动防护用品，并监督、教育从业人员按照使用规则佩戴、使用。

第四十四条 生产经营单位应当安排用于配备劳动防护用品、进行安全生产培训的经费。

第四十八条 生产经营单位必须依法参加工伤保险，为从业人员缴纳保险费。

国家鼓励生产经营单位投保安全生产责任保险。

第四十九条 生产经营单位与从业人员订立的劳动合同，应当载明有关保障从业人员劳动安全、防止职业危害的事项，以及依法为从业人员办理工伤保险的事项。

生产经营单位不得以任何形式与从业人员订立协议,免除或者减轻其对从业人员因生产安全事故伤亡依法应承担的责任。

第五十条 生产经营单位的从业人员有权了解其作业场所和工作岗位存在的危险因素、防范措施及事故应急措施,有权对本单位的安全生产工作提出建议。

第五十一条 从业人员有权对本单位安全生产工作中存在的问题提出批评、检举、控告,有权拒绝违章指挥和强令冒险作业。

生产经营单位不得因从业人员对本单位安全生产工作提出批评、检举、控告或者拒绝违章指挥、强令冒险作业而降低其工资、福利等待遇,或者解除与其订立的劳动合同。

第五十二条 从业人员发现直接危及人身安全的紧急情况时,有权停止作业或者在采取可能的应急措施后撤离作业场所。

生产经营单位不得因从业人员在前款紧急情况下停止作业或者采取紧急撤离措施而降低其工资、福利等待遇或者解除与其订立的劳动合同。

第五十三条 因生产安全事故受到损害的从业人员,除依法享有工伤保险外,依照有关民事法律尚有获得赔偿的权利的,有权向本单位提出赔偿要求。

第五十四条 从业人员在作业过程中,应当严格遵守本单位的安全生产规章制度和操作规程,服从管理,正确佩戴和使用劳动防护用品。

第五十五条 从业人员应当接受安全生产教育和培训,掌握本职工作所需的安全生产知识,提高安全生产技能,增强事故预防和应急处理能力。

第五十六条 从业人员发现事故隐患或者其他不安全因

素,应当立即向现场安全生产管理人员或者本单位负责人报告;接到报告的人员应当及时予以处理。

4.建设工程安全生产管理条例(摘录)

第十八条　施工起重机械和整体提升脚手架、模板等自升式架设设施的使用达到国家规定的检验、检测期限的,必须经具有专业资质的检验、检测机构检测。经检测不合格的,不得继续使用。

第二十五条　垂直运输机械作业人员、安装拆卸工、爆破作业人员、起重信号工、登高架设作业人员等特种作业人员,必须按照国家有关规定经过专门的安全作业培训,并取得特种作业操作资格证书后,方可上岗作业。

第二十七条　建设工程施工前,施工单位负责项目管理的技术人员应当对有关安全施工的技术要求向施工作业班组、作业人员做出详细说明,并由双方签字确认。

第二十八条　施工单位应当在施工现场入口处、施工起重机械、临时用电设施、脚手架、出入通道口、楼梯口、电梯井口、孔洞口、桥梁口、隧道口、基坑边沿、爆破物及有害危险气体和液体存放处等危险部位,设置明显的安全警示标志。安全标志必须符合国家标准。

第二十九条　施工单位应当将施工现场的办公、生活区与作业区分开设置,并保持安全距离;办公、生活区的选择应当符合安全性要求。职工的膳食、饮水、休息场所等应当符合卫生标准。施工单位不得在尚未竣工的建筑物内设置员工集体宿舍。

施工现场临时搭建的建筑物应当符合安全使用要求。施工现场使用的装配式活动房屋应当具有产品合格证。

第三十二条　施工单位应当向作业人员提供安全防护用具

和安全防护服装,并书面告知危险岗位的操作规程和违章操作的危害。

作业人员有权对施工现场的作业条件、作业程序和作业方式中存在的安全问题提出批评、检举和控告,有权拒绝违章指挥和强令冒险作业。

在施工中发生危及人身安全的紧急情况时,作业人员有权立即停止作业或者在采取必要的应急措施后撤离危险区域。

第三十三条 作业人员应当遵守安全施工的强制性标准、规章制度和操作规程,正确使用安全防护用具、机械设备等。

第三十六条 施工单位应当对管理人员和作业人员每年至少进行一次安全生产教育培训,其教育培训情况记入个人工作档案。安全生产教育培训考核不合格的人员,不得上岗。

第三十七条 作业人员进入新的岗位或者新的施工现场前,应当接受安全生产教育培训。未经教育培训或者教育培训考核不合格的人员,不得上岗作业。

施工单位在采用新技术、新工艺、新设备、新材料时,应当对作业人员进行相应的安全生产教育培训。

第三十八条 施工单位应当为施工现场从事危险作业的人员办理意外伤害保险。

意外伤害保险费由施工单位支付。

5. 工伤保险条例(摘录)

第二条 中华人民共和国境内的企业、事业单位、社会团体、民办非企业单位、基金会、律师事务所、会计师事务所等组织和有雇工的个体工商户(以下称用人单位)应当依照本条例规定参加工伤保险,为本单位全部职工或者雇工(以下称职工)缴纳工伤保险费。

中华人民共和国境内的企业、事业单位、社会团体、民办非企业单位、基金会、律师事务所、会计师事务所等组织的职工和个体工商户的雇工,均有依照本条例的规定享受工伤保险待遇的权利。

第十条　用人单位应当按时缴纳工伤保险费。职工个人不缴纳工伤保险费。

第二十一条　职工发生工伤,经治疗伤情相对稳定后存在残疾、影响劳动能力的,应当进行劳动能力鉴定。

第三十条　职工因工作遭受事故伤害或者患职业病进行治疗,享受工伤医疗待遇……

二、务工就业及社会保险

1. 劳动合同

(1)用人单位应当依法与劳动者签订劳动合同。

劳动合同是劳动者与用人单位确立劳动关系、明确双方权利和义务的协议。建立劳动关系应当订立劳动合同。订立和变更劳动合同,应遵循平等自愿、协商一致的原则,不得违反法律、行政法规的规定。劳动合同应当具备以下必备条款:

①劳动合同期限。即劳动合同的有效时间。

②工作内容。即劳动者在劳动合同有效期内所从事的工作岗位(工种),以及工作应达到的数量、质量指标或者应当完成的任务。

③劳动保护和劳动条件。即为了保障劳动者在劳动过程中的安全、卫生及其他劳动条件,用人单位根据国家有关法律、法规而采取的各项保护措施。

④劳动报酬。即在劳动者提供了正常劳动的情况下,用人

单位应当支付的工资。

⑤劳动纪律。即劳动者在劳动过程中必须遵守的工作秩序和规则。

⑥劳动合同终止的条件。即除了期限以外其他由当事人约定的特定法律事实,这些事实一出现,双方当事人之间的权利义务关系终止。

⑦违反劳动合同的责任。即当事人不履行劳动合同或者不完全履行劳动合同,所应承担的相应法律责任。

(2)试用期应包括在劳动合同期限之中。

根据《中华人民共和国劳动法》(以下简称《劳动法》)规定,用人单位与劳动者签订的劳动合同期限可以分为三类:

①有固定期限,即在合同中明确约定效力期间,期限可长可短,长到几年、十几年,短到一年或者几个月。

②无固定期限,即劳动合同中只约定了起始日期,没有约定具体终止日期。无固定期限劳动合同可以依法约定终止劳动合同条件,在履行中只要不出现约定的终止条件或法律规定的解除条件,一般不能解除或终止,劳动关系可以一直存续到劳动者退休为止。

③以完成一定的工作为期限,即以完成某项工作或者某项工程为有效期限,该项工作或者工程一经完成,劳动合同即终止。

签订劳动合同可以不约定试用期,也可以约定试用期,但试用期最长不得超过 6 个月。劳动合同期限在 6 个月以下的,试用期不得超过 15 日;劳动合同期限在 6 个月以上 1 年以下的,试用期不得超过 30 日;劳动合同期限在 1 年以上 2 年以下的,试用期不得超过 60 日。试用期包括在劳动合同期限中。非全日制劳动合同,不得约定试用期。

（3）订立劳动合同时,用人单位不得向劳动者收取定金、保证金或扣留居民身份证。

根据劳动保障部《劳动力市场管理规定》,禁止用人单位招用人员时向求职者收取招聘费用、向被录用人员收取保证金或抵押金、扣押被录用人员的身份证等证件。用人单位违反规定的,由劳动保障行政部门责令改正,并可处以 1000 元以下罚款;对当事人造成损害的,应承担赔偿责任。

（4）劳动者不必履行无效的劳动合同。

①无效的劳动合同是指不具有法律效力的劳动合同。根据《劳动法》的规定,下列劳动合同无效:

a.违反法律、行政法规的劳动合同。

b.采取欺诈、威胁等手段订立的劳动合同。劳动合同的无效,由劳动争议仲裁委员会或者人民法院确认。无效的劳动合同,从订立的时候起,就没有法律约束力。也就是说,劳动者自始至终都无须履行无效劳动合同。确认劳动合同部分无效的,如果不影响其余部分的效力,其余部分仍然有效。

②由于用人单位的原因订立的无效合同,对劳动者造成损害的,应当承担赔偿责任。具体包括:

a.造成劳动者工资收入损失的,按劳动者本人应得工资收入支付给劳动者,并加付应得工资收入 25％的赔偿费用。

b.造成劳动者劳动保护待遇损失的,应按国家规定补足劳动者的劳动保护津贴和用品。

c.造成劳动者工伤、医疗待遇损失的,除按国家规定为劳动者提供工伤、医疗待遇外,还应支付劳动者相当于医疗费用 25％的赔偿费用。

d.造成女职工和未成年工身体健康损害的,除按国家规定提供治疗期间的医疗待遇外,还应支付相当于其医疗费用 25％

的赔偿费用。

e. 劳动合同约定的其他赔偿费用。

(5)用人单位不得随意变更劳动合同。

劳动合同的变更,是指劳动关系双方当事人就已订立的劳动合同的部分条款达成修改、补充或者废止协定的法律行为。《劳动法》规定,变更劳动合同,应当遵循平等自愿、协商一致的原则,不得违反法律、行政法规的规定。经双方协商同意依法变更后的劳动合同继续有效,对双方当事人都有约束力。

(6)解除劳动合同应当符合《劳动法》的规定。

劳动合同的解除,是指劳动合同有效成立后至终止前这段时期内,当具备法律规定的劳动合同解除条件时,因用人单位或劳动者一方或双方提出,而提前解除双方的劳动关系。根据《劳动法》的规定,劳动者可以和用人单位协商解除劳动合同,也可以在符合法律规定的情况下单方解除劳动合同。

①劳动者单方解除。

a.《劳动法》第三十一条规定:劳动者解除劳动合同,应当提前三十日以书面形式通知用人单位。这是劳动者解除劳动合同的条件和程序。劳动者提前三十日以书面形式通知用人单位解除劳动合同,无须征得用人单位的同意,用人单位应及时办理有关解除劳动合同的手续。但由于劳动者违反劳动合同的有关约定而给用人单位造成经济损失的,应依据有关规定和劳动合同的约定,由劳动者承担赔偿责任。

b.《劳动法》第三十二条规定:有下列情形之一的,劳动者可以随时通知用人单位解除劳动合同:

(a)在试用期内的;

(b)用人单位以暴力、威胁或者非法限制人身自由的手段强迫劳动的;

(c)用人单位未按照劳动合同约定支付劳动报酬或者提供劳动条件的。

②用人单位单方解除。

a.《劳动法》第二十五条规定,劳动者有下列情形之一的,用人单位可以解除劳动合同:

(a)在试用期间被证明不符合录用条件的;

(b)严重违反劳动纪律或者用人单位规章制度的;

(c)严重失职、营私舞弊,对用人单位利益造成重大损害的;

(d)被依法追究刑事责任的。

b.《劳动法》第二十六条规定:有下列情形之一的,用人单位可以解除劳动合同,但是应当提前三十日以书面形式通知劳动者本人:

(a)劳动者患病或者非因工负伤,医疗期满后,既不能从事原工作也不能从事由用人单位另行安排的工作的;

(b)劳动者不能胜任工作,经过培训或者调整工作岗位,仍不能胜任工作的;

(c)劳动合同订立时所依据的客观情况发生重大变化,致使原劳动合同无法履行,经当事人协商不能就变更劳动合同达成协议的。

c.《劳动法》第二十七条规定:用人单位濒临破产进行法定整顿期间或者生产经营状况发生严重困难,确需裁减人员的,应当提前三十日向工会或者全体职工说明情况,听取工会或者职工的意见,经向劳动保障行政部门报告后,可以裁减人员。并且规定,用人单位自裁减人员之日起六个月内录用人员的,应当优先录用被裁减的人员。

(7)用人单位解除劳动合同应当依法向劳动者支付经济补偿金。

根据《劳动法》规定,在下列情况下,用人单位解除与劳动者的劳动合同,应当根据劳动者在本单位的工作年限,每满一年发给相当于一个月工资的经济补偿金:

①经劳动合同当事人协商一致,由用人单位解除劳动合同的。

②劳动者不能胜任工作,经过培训或者调整工作岗位仍不能胜任工作,由用人单位解除劳动合同的。

以上两种情况下支付经济补偿金,最多不超过 12 个月。

③劳动合同订立时所依据的客观情况发生了重大变化,致使原劳动合同无法履行,经当事人协商不能就变更劳动合同达成协议,由用人单位解除劳动合同的。

④用人单位濒临破产进行法定整顿期间或者生产经营状况发生严重困难,必须裁减人员,由用人单位解除劳动合同的。

⑤劳动者患病或者非因工负伤,经劳动鉴定委员会确认不能从事原工作,也不能从事用人单位另行安排的工作而解除劳动合同的;在这类情况下,同时应发给不低于 6 个月工资的医疗补助费。劳动者患重病或者绝症的还应增加医疗补助费,患重病的增加部分不低于医疗补助费的 50%,患绝症的增加部分不低于医疗补助费的 100%。

另外,用人单位解除劳动者劳动合同后,未按以上规定给予劳动者经济补偿的,除必须全额发给经济补偿金外,还须按欠发经济补偿金数额的 50% 支付额外经济补偿金。

经济补偿金应当一次性发给。劳动者在本单位工作时间不满一年的按一年的标准计算。计算经济补偿金的工资标准是企业正常生产情况下,劳动者解除合同前 12 个月的月平均工资;在以上第③、④、⑤类情况下,给予经济补偿金的劳动者月平均工资低于企业月平均工资的,应按企业月平均工资支付。

（8）用人单位不得随意解除劳动合同。

《劳动法》及《违反〈劳动法〉有关劳动合同规定的赔偿办法》（劳部发〔1995〕223 号）规定，用人单位不得随意解除劳动合同。用人单位违法解除劳动合同的，由劳动保障行政部门责令改正；对劳动者造成损害的，应当承担赔偿责任。具体赔偿标准是：

①造成劳动者工资收入损失的，按劳动者本人应得工资收入支付劳动者，并加付应得工资收入 25％的赔偿费用。

②造成劳动者劳动保护待遇损失的，应按国家规定补足劳动者的劳动保护津贴和用品。

③造成劳动者工伤、医疗待遇损失的，除按国家规定为劳动者提供工伤、医疗待遇外，还应支付劳动者相当于医疗费用25％的赔偿费用。

④造成女职工和未成年工身体健康损害的，除按国家规定提供治疗期间的医疗待遇外，还应支付相当于其医疗费用 25％的赔偿费用。

⑤劳动合同约定的其他赔偿费用。

2. 工资

（1）用人单位应该按时足额支付工资。

《劳动法》中的"工资"是指用人单位依据国家有关规定或劳动合同的约定，以货币形式直接支付给本单位劳动者的劳动报酬，一般包括计时工资、计件工资、奖金、津贴和补贴、延长工作时间的工资报酬以及特殊情况下支付的工资等。

（2）用人单位不得克扣劳动者工资。

《劳动法》以及《违反〈中华人民共和国劳动法〉行政处罚办法》等规定，用人单位不得克扣劳动者工资。用人单位克扣劳动者工资的，由劳动保障行政部门责令支付劳动者的工资报酬，并加发相当于工资报酬 25% 的经济补偿金。并可责令用人单位按相当于支付劳动者工资报酬、经济补偿总和的一至五倍支付劳动者赔偿金。

"克扣工资"是指用人单位无正当理由扣减劳动者应得工资（即在劳动者已提供正常劳动的前提下，用人单位按劳动合同规定的标准应当支付给劳动者的全部劳动报酬）。

（3）用人单位不得无故拖欠劳动者工资。

《劳动法》以及《违反〈中华人民共和国劳动法〉行政处罚办法》等规定，用人单位无故拖欠劳动者工资的，由劳动保障行政部门责令支付劳动者的工资报酬，并加发相当于工资报酬 25% 的经济补偿金。并可责令用人单位按相当于支付劳动者工资报酬、经济补偿总和的一至五倍支付劳动者赔偿金。

"无故拖欠工资"是指用人单位无正当理由超过规定付薪时间未支付劳动者工资。

（4）农民工工资标准。

①在劳动者提供正常劳动的情况下，用人单位支付的工资不得低于当地最低工资标准。

根据《劳动法》、劳动保障部《最低工资规定》等规定，在劳动者提供正常劳动的情况下，用人单位应支付给劳动者的工资在剔除下列各项以后，不得低于当地最低工资标准：

a. 延长工作时间工资。

b. 中班、夜班、高温、低温、井下、有毒有害等特殊工作环境条件下的津贴。

c. 法律、法规和国家规定的劳动者福利待遇等。

实行计件工资或提成工资等工资形式的用人单位，在科学合理的劳动定额基础上，其支付劳动者的工资不得低于相应的最低工资标准。

　　用人单位违反以上规定的,由劳动保障行政部门责令其限期补发所欠劳动者工资,并可责令其按所欠工资的一至五倍支付劳动者赔偿金。

　　②在非全日制劳动者提供正常劳动的情况下,用人单位支付的小时工资不得低于当地小时工资最低标准。

　　劳动保障部《最低工资规定》《关于非全日制用工若干问题的意见》规定,非全日制用工是指以小时计酬、劳动者在同一用人单位平均每日工作时间不超过 5h、累计每周工作时间不超过 30h 的用工形式。用人单位应当按时足额支付非全日制劳动者的工资,具体可以按小时、日、周或月为单位结算。在非全日制劳动者提供正常劳动的情况下,用人单位支付的小时工资不得低于当地小时工资最低标准。非全日制用工的小时工资最低标准由省、自治区、直辖市规定。

　　③用人单位安排劳动者加班加点应依法支付加班加点工资。

　　《劳动法》以及《违反〈中华人民共和国劳动法〉行政处罚办法》等规定,用人单位安排劳动者加班加点应依法支付加班加点工资。用人单位拒不支付加班加点工资的,由劳动保障行政部门责令支付劳动者的工资报酬,并加发相当于工资报酬 25% 的经济补偿金。并可责令用人单位按相当于支付劳动者工资报酬、经济补偿总和的一至五倍支付劳动者赔偿金。

　　劳动者日工资可统一按劳动者本人的月工资标准除以每月制度工作天数进行折算。职工全年月平均工作天数和工作时间分别为 20.92 天和 167.4h,职工的日工资和小时工资按此进行折算。

▶ 3. 社会保险

　　(1)农民工有权参加基本医疗保险。

　　根据国家有关规定,各地要逐步将与用人单位形成劳动关系的农村进城务工人员纳入医疗保险范围。根据农村进城务工人员的特点和医疗需求,合理确定缴费率和保障方式,解决他们在务工期间的大病医疗保障问题,用人单位要按规定为其缴纳医疗保险费。对在城镇从事个体经营等灵活就业的农村进城务工人员,可以按照灵活就业人员参保的有关规定参加医疗保险。据此,在已经将农民工纳入医疗保险范围的地区,农民工有权参加医疗保险,用人单位和农民工本人应依法缴纳医疗保险费,农民工患病时,可以按照规定享受有关医疗保险待遇。

(2)农民工有权参加基本养老保险。

按照国务院《社会保险费征缴暂行条例》等有关规定,基本养老保险覆盖范围内的用人单位的所有职工,包括农民工,都应该参加养老保险,履行缴费义务。参加养老保险的农民合同制职工,在与企业终止或解除劳动关系后,由社会保险经办机构保留其养老保险关系,保管其个人账户并计息。凡重新就业的,应接续或转移养老保险关系;也可按照省级政府的规定,根据农民合同制职工本人申请,将其个人账户个人缴费部分一次性支付给本人,同时终止养老保险关系。农民合同制职工在男年满 60 周岁、女年满 55 周岁时,累计缴费年限满 15 年以上的,可按规定领取基本养老金;累计缴费年限不满 15 年的,其个人账户全部储存额一次性支付给本人。

(3)农民工有权参加失业保险。

根据《失业保险条例》规定,城镇企业事业单位招用的农民合同制工人应该参加失业保险,用人单位按规定为农民工缴纳社会保险费,农民合同制工人本人不缴纳失业保险费。单位招用的农民合同制工人连续工作满 1 年,本单位并已缴纳失业保险费,劳动合同期满未续订或者提前解除劳动合同的,由社会保险经办机构根据其工作时间长短,对其支付一次性生活补助。

补助的办法和标准由省、自治区、直辖市人民政府规定。

（4）用人单位应依法为农民工参加生育保险。

目前我国的生育保险制度还没有普遍建立，各地工作进展不平衡。从各地制定的规定看，有的地区没有将农民工纳入生育保险覆盖范围，有的地区则将农民工纳入了生育保险覆盖范围。如果农民工所在地区将农民工纳入了生育保险覆盖范围，农民工所在单位应按规定为农民工参加生育保险并缴纳生育保险费，符合规定条件的生育农民工依法享受生育保险待遇。

（5）劳动争议与调解处理。

劳动争议，也称劳动纠纷，就是指劳动关系当事人双方（用人单位和劳动者）之间因执行劳动法律、法规或者履行劳动合同以及其他劳动问题而发生劳动权利与义务方面的纠纷。

①劳动争议的范围。劳动争议的内容，是指劳动合同关系中当事人的权利与义务。所以，用人单位与劳动者之间发生的争议不都是劳动争议。只有在争议涉及劳动关系双方当事人在劳动关系中的权利和义务时，它才是劳动争议。劳动争议包括：因开除、除名、辞退职工和职工辞职、自动离职发生的争议；因执行国家有关工资、保险、福利、培训、劳动保护的规定发生的争议；因履行劳动合同发生的争议等。

②劳动争议处理机构。我国的劳动争议处理机构主要有：企业劳动争议调解委员会、各级政府劳动争议仲裁委员会和人民法院。根据《劳动法》等的规定：在用人单位内可以设劳动争议调解委员会，负责调解本单位的劳动争议；在县、市、市辖区应当设立劳动争议仲裁委员会；各级人民法院的民事审判庭负责劳动争议案件的审理工作。

③劳动争议的解决方法。根据我国有关法律、法规的规定，解决劳动争议的方法如下：

a. 协商。劳动争议发生后,双方当事人应当先进行协商,以达成解决方案。

b. 调解。就是企业调解委员会对本单位发生的劳动争议进行调解。从法律、法规的规定看,这并不是必经的程序。但它对于劳动争议的解决却起到很大作用。

c. 仲裁。劳动争议调解不成的,当事人可以向劳动争议仲裁委员会申请仲裁。当事人也可以直接向劳动争议仲裁委员会申请仲裁。当事人从知道或应当知道其权利被侵害之日起 60日内,以书面形式向仲裁委员会申请仲裁。仲裁委员会应当自收到申请书之日起 7 日内做出受理或不予受理的决定。

d. 诉讼。当事人对仲裁裁决不服的,可以自收到仲裁裁决之日起 15 日内向人民法院起诉。人民法院民事审判庭受理和审理劳动争议案件。

④维护自身权益要注意法定时限。劳动者通过法律途径维护自身权益,一定要注意不能超过法律规定的时限。劳动者通过劳动争议仲裁、行政复议等法律途径维护自身合法权益,或者申请工伤认定、职业病诊断与鉴定等,一定要注意在法定的时限内提出申请。如果超过了法定时限,有关申请可能不会被受理,致使自身权益难以得到保护。主要的时限包括:

a. 申请劳动争议仲裁的,应当在劳动争议发生之日(即当事人知道或应当知道其权利被侵害之日)起 60 日内向劳动争议仲裁委员会申请仲裁。

b. 对劳动争议仲裁裁决不服、提起诉讼的,应当自收到仲裁裁决书之日起 15 日内,向人民法院提起诉讼。

c. 申请行政复议的,应当自知道该具体行政行为之日起 60日内提出行政复议申请。

d. 对行政复议决定不服、提起行政诉讼的,应当自收到行政复议决定书之日起 15 日内,向人民法院提起行政诉讼。

e. 直接向人民法院提起行政诉讼的,应当在知道做出具体行政行为之日起 3 个月内提出,法律另有规定的除外。因不可抗力或者其他特殊情况耽误法定期限的,在障碍消除后的 10 日内,可以申请延长期限,由人民法院决定。

f. 申请工伤认定的,所在单位应当自事故伤害发生之日或者被诊断、鉴定为职业病之日起 30 日内,向统筹地区劳动保障行政部门提出工伤认定申请。遇有特殊情况,经报劳动保障行政部门同意,申请时限可以适当延长。用人单位未按前款规定提出工伤认定申请的,工伤职工或者其直系亲属、工会组织在事故伤害发生之日或者被诊断、鉴定为职业病之日起 1 年内,可以直接向用人单位所在地统筹地区劳动保障行政部门提出工伤认定申请。

三、工人健康卫生知识

1. 常见疾病的预防和治疗

(1)流行性感冒。

①流行性感冒的传播方式。流行性感冒简称流感,是由流感病毒引起的一种急性呼吸道传染病。流感的传染源主要是患者,病后 1～7 天均有传染性。流感主要通过呼吸道传播,传染性很强,常引起流行。一般常突然发生,迅速蔓延,患者数多。

提示:发生流行性感冒时应注意与病人保持一定距离,以免被传染。

②流行性感冒的症状。流感的症状与感冒类似,主要是发热及上呼吸道感染症状,如咽痛、鼻塞、流鼻涕、打喷嚏、咳嗽等。流感的全身症状重,而局部症状很轻。

③流行性感冒的预防。

a. 最主要的是注射流感疫苗,疫苗应于流感流行前 1～2 个月注射。因流感冬季易发,故常于每年 10 月左右进行注射。

b. 应当尽量避免接触病人,流行期间不到人多的地方去。

c. 增强身体抵抗力最重要,生活规律、适当锻炼、合理营养、精神愉快非常关键。

d. 避免过累、精神紧张、着凉、酗酒等。

(2)细菌性痢疾。

①细菌性痢疾的传播方式。细菌性痢疾(简称菌痢),是夏秋季节最常见的急性肠道传染病,由痢疾杆菌引起,以结肠化脓性炎症为主要病变。菌痢主要通过粪—口途径传播,即患者大便中的痢疾杆菌可以污染手、食物、水、蔬菜、水果等而进入口中引起感染。细菌性痢疾终年均有发生,但多流行于夏秋季节。人群对此病普遍易感,幼儿及青壮年发病率较高。

②细菌性痢疾的症状。细菌性痢疾病情可轻可重,轻者仅有轻度腹泻,重者可有发热、全身不适、乏力、恶心、呕吐、腹痛、腹泻。腹泻次数由一日数次至十数次不等,患者常有老想解大便可总也解不干净的感觉(里急后重),患者大便中常有黏液,重者有脓血。

③细菌性痢疾的预防。

a. 做好痢疾患者的粪便、呕吐物的消毒处理,管理好水源,防止病菌污染水源、土壤及农作物;患者使用过的厕所、餐具等也应消毒。

b. 不喝生水,不生吃水产品,蔬菜要洗净、炒熟再吃,水果应洗净削皮后食用。

c. 养成饭前、便后洗手的习惯,不吃被苍蝇、蟑螂叮咬过或爬过的食物,积极做好灭苍蝇、灭蟑螂工作。

d. 加强体育锻炼,增强体质。

重点:注意个人卫生,养成饭前、便后洗手的习惯。

(3)食物中毒。

①细菌性食物中毒的传播方式。细菌性食物中毒是由于进食被细菌或细菌毒素污染的食物而引起的急性感染中毒性疾病。细菌性食物中毒是典型的肠道传染病,发生原因主要有以下几个方面:

a. 食物在宰杀或收割、运输、储存、销售等过程中受到病菌的污染。

b. 被致病菌污染的食物在较高的温度下存放,食品中充足的水分、适宜的酸碱度及营养条件使致病菌大量繁殖或产生毒素。

c. 食品在食用前未烧透或熟食受到生食交叉污染。

d. 在缺氧环境中(如罐头等)肉毒杆菌产生毒素。

②细菌性食物中毒的症状。胃肠型细菌性食物中毒是食物中毒中最常见的一种,是由于食用了被细菌或细菌毒素污染的食物所引起的。绝大多数患者表现为胃肠炎的症状,如恶心、呕吐、腹痛、腹泻、排水样便等。腹泻一天数次到数十次不等,多数是稀水样便,个别人可有黏液血便、血水样便等,极少数患者可以发生败血症。

③细菌性食物中毒的预防。

a. 防止食品污染。加强对污染源的管理,做好牲畜屠宰前后的卫生检验,防止感染;对海鲜类食品应加强管理,防止污染其他食品;要严防食品加工、贮存、运输、销售过程中被病原体污染;食品容器、刀具等应严格生熟分开使用,做好消毒工作,防止交叉污染;生产场所、厨房、食堂等要有防蝇、防鼠设备;严格遵守饮食行业和炊事人员的个人卫生制度;患化脓性病症和上呼吸道感染的患者,在治愈前不应参加接触食品的工作。

b. 控制病原体繁殖及外毒素的形成。食品应低温保存或放在阴凉通风处,食品中加盐量达 10% 也可有效控制细菌繁殖及毒素形成。

c. 彻底加热杀灭细菌及破坏毒素。这是防止食物中毒的重要措施,要彻底杀灭肉中的病原体,肉块不应太大,加热时其内部温度可以达到 80℃,这样持续 12min 就可将细菌杀死。

d. 凡是食品在加工和保存过程中有厌氧环境存在,均应防止肉毒杆菌的污染,过期罐头——特别是产气罐头(其盖鼓起)均勿食用。

(4)病毒性肝炎。

①病毒性肝炎的类型。病毒性肝炎是由多种肝炎病毒引起的,以肝脏损害为主的一组全身性传染病。按病原体分类,目前已确定的有甲型肝炎、乙型肝炎、丙型肝炎、丁型肝炎、戊型肝炎。通过实验诊断排除上述类型的肝炎者,称为"非甲—戊型肝炎"。

②病毒性肝炎的传染源。

a. 甲型肝炎无病毒携带状态,传染源为急性期患者和隐性感染者。粪便排毒期在起病前 2 周至血清转氨酶高峰期后 1 周,少数患者延长至病后 30 天。

b. 乙型肝炎属于常见传染病,可通过母婴、血液和体液传播。传染源主要是急、慢性乙型肝炎患者和病毒携带者。急性患者在潜伏期末及急性期有传染性,但不超过 6 个月。慢性患者和病毒携带者作为传染源预防的意义重大。

c. 丙型肝炎的传染源是急、慢性患者和无症状病毒携带者。

d. 丁型肝炎的传染源与乙型肝炎相似。

e. 戊型肝炎的传染源与甲型肝炎相似。

③病毒性肝炎的症状。

a. 疲乏无力、懒动、下肢酸困不适,稍加活动则难以支持。

b. 食欲不振、食欲减退、厌油、恶心、呕吐及腹胀,往往食后加重。

c. 部分病人尿黄、尿色如浓茶,大便色淡或灰白,腹泻或便秘。

d. 右上腹部有持续性腹痛,个别病人可呈针刺样或牵拉样疼痛,于活动、久坐后加重,卧床休息后可缓解,右侧卧时加重,左侧卧时减轻。

e. 医生检查可有肝脏肿大、压痛、肝区叩击痛、肝功能损害,部分病例出现发热及黄疸表现。

f. 血清谷丙转氨酶及血中总胆红素升高有助于诊断,也可进一步做血清免疫学检查及明确肝炎类型。

④病毒性肝炎的预防。病毒性肝炎预防应采取以切断传播途径为重点的综合性措施。

对甲型、戊型肝炎,重点抓好水源保护、饮水消毒、食品加工、粪便管理等,切断粪—口途径传播,注意个人卫生,饭前、便后洗手,不喝生水,生吃瓜果要洗净。对于急性病如甲型和戊型肝炎病人接触的易感人群,应注射人血丙种球蛋白,注射时间越早越好。

对乙型、丙型和丁型肝炎,重点在于防止通过血液和体液的传播,各种医疗及预防注射,应实行一人一针一管,对带血清的污染物应严格消毒,对血液和血液制品应严格检测。对学龄前儿童和密切接触者,应接种乙肝疫苗;乙肝疫苗和乙肝免疫球蛋白联合应用可有效地阻断母婴传播;医务人员在工作中因医疗意外或医疗操作不慎感染乙肝病毒,应立即注射免疫球蛋白。

2. 职业病的预防和治疗

（1）职业病定义。

所谓职业病，是指企业、事业单位和个体经济组织的劳动者在职业活动中，因接触粉尘、放射性物质和其他有毒、有害物质等因素而引起的疾病。对于患职业病的，我国法律规定，应属于工伤，享受工伤待遇。

（2）建筑企业常见的职业病。

①接触各种粉尘引起的尘肺病。

②电焊工尘肺、眼病。

③直接操作振动机械引起的手臂振动病。

④油漆工、粉刷工接触有机材料散发的不良气体引起的中毒。

⑤接触噪声引起的职业性耳聋。

⑥长期超时、超强度地工作，精神长期过度紧张造成相应职业病。

⑦高温中暑等。

（3）职业病鉴定与保障。

劳动者如果怀疑所得的疾病为职业病，应当及时到当地卫生部门批准的职业病诊断机构进行职业病诊断。对诊断结论有异议的，可以在 30 日内到市级卫生行政部门申请职业病诊断鉴定，鉴定后仍有异议的，可以在 15 日内到省级卫生行政部门申请再鉴定。被诊断、鉴定为职业病，所在单位应当自被诊断、鉴定为职业病之日起 30 日内，向统筹地区劳动保障行政部门提出工伤认定申请。

提示：劳动者日常需要注意收集与职业病相关的材料。

（4）职业病的诊断。

　　根据《中华人民共和国职业病防治法》(以下简称《职业病防治法》)和《职业病诊断与鉴定管理办法》的有关规定,具体程序为:

　　①职业病诊断应当由省级以上人民政府卫生行政部门批准的医疗卫生机构承担,劳动者可以在用人单位所在地或者本人居住地依法承担职业病诊断的医疗卫生机构进行职业病诊断。

　　②当事人申请职业病诊断时应当提供以下材料:

　　a. 职业史、既往史。

　　b. 职业健康监护档案复印件。

　　c. 职业健康检查结果。

　　d. 工作场所历年职业病危害因素检测、评价资料。

　　e. 诊断机构要求提供的其他必需的有关材料。

　　③职业病诊断应当依据职业病诊断标准,结合职业病危害接触史、工作场所职业病危害因素检测与评价、临床表现和医学检查结果等资料,综合做出分析。

　　④职业病诊断机构在进行职业病诊断时,应当组织三名以上取得职业病诊断资格的执业医师进行集体诊断。

　　⑤职业病诊断机构做出职业病诊断后,应当向当事人出具职业病诊断证明书。职业病诊断证明书应当明确是否患有职业病,对患有职业病的,还应当载明所患职业病的名称、程度(期别)、处理意见和复查时间。

　　⑥当事人对职业病诊断有异议的,在接到职业病诊断证明书之日起30日内,可以向做出诊断的医疗卫生机构所在地的市级卫生行政部门申请鉴定。

　　⑦当事人申请职业病诊断鉴定时,应当提供以下材料:

　　a. 职业病诊断鉴定申请书。

　　b. 职业病诊断证明书。

c. 其他有关资料。职业病诊断鉴定办事机构应当自收到申请资料之日起 10 日内完成材料审核,对材料齐全的发给受理通知书;材料不全的,通知当事人补充。职业病诊断鉴定办事机构应当在受理鉴定之日起 60 日内组织鉴定。

⑧鉴定委员会应当认真审查当事人提供的材料,必要时可听取当事人的陈述和申辩,对被鉴定人进行医学检查,对被鉴定人的工作场所进行现场调查取证。

⑨职业病诊断鉴定书应当包括以下内容:

a. 劳动者、用人单位的基本情况及鉴定事由。

b. 参加鉴定的专家情况。

c. 鉴定结论及其依据,如果为职业病,应当注明职业病名称、程度(期别)。

d. 鉴定时间。职业病诊断鉴定书应当于鉴定结束之日起 20 日内由职业病诊断鉴定办事机构发送给当事人。

(5)劳动者有权利拒绝从事容易发生职业病的工作。

劳动者依法享有保持自己身体健康的权利,因此,对于是否选择从事存在职业病危害的工作,应当由劳动者依照其自己的意愿决定。而要使劳动者能够自行决定是否选择从事该工作,就应当保证劳动者对相关工作内容以及其可能带来的危害有一定的了解。正因为如此,《职业病防治法》规定:"用人单位与劳动者订立劳动合同(含聘用合同,下同)时,应当将工作过程中可能产生的职业病危害及其后果、职业病防护措施和待遇等如实告知劳动者,并在劳动合同中写明,不得隐瞒或者欺骗。""劳动者在已订立劳动合同期间因工作岗位或者工作内容变更,从事与所订立劳动合同中未告知的存在职业病危害的作业时,用人单位应当依照前款规定,向劳动者履行如实告知的义务,并协商变更原劳动合同相关条款。""用人单位违反前两款规定的,劳动者有权拒绝从事存在职业病危害的作业,用人单位不得因此解除或者终止与劳动者所订立的劳动合同。"

另外,根据《职业病防治法》的规定,用人单位违反本规定,订立或者变更劳动合同时,未告知劳动者职业病危害真实情况的,由卫生行政部门责令限期改正,给予警告,可以并处2万元以上5万元以下的罚款。

根据前述规定,如果用人单位没有将工作过程中可能产生的职业病危害及其后果、职业病防护措施和待遇等如实告知劳动者,并在劳动合同中写明,那么劳动者就有权利拒绝从事存在职业病危害的作业,并且用人单位不得因劳动者拒绝从事该作业而解除或者终止劳动者的劳动合同。

(6)患职业病的劳动者有权获得相应的保障。

①患职业病的劳动者有权利获得职业保障。《中华人民共和国劳动合同法》规定,用人单位以下情形不得解除劳动合同:

a.患职业病或者因工负伤并确认丧失或者部分丧失劳动能力的。

b.患病或者负伤,在规定的医疗期内的。职业病病人依法享受国家规定的职业病待遇,用人单位对不适宜继续从事原工作的职业病病人,应当调离原岗位,并妥善安置。

②患职业病的劳动者有权利获得医疗保障。《职业病防治法》规定:"职业病病人依法享受国家规定的职业病待遇。用人单位应当按照国家有关规定,安排职业病病人进行治疗、康复和定期检查。"

③患职业病的劳动者有权利获得生活保障。《职业病防治法》规定:"劳动者被诊断患有职业病,但用人单位没有依法参加工伤社会保险的,其医疗和生活保障由最后的用人单位承担。"

④患职业病的劳动者有权利依法获得赔偿。职业病病人除依法享有工伤社会保险外,依照有关民事法律,尚有获得赔偿的权利的,有权向用人单位提出赔偿要求。

(7)职工患职业病后的一次性处理规定。

职工患病后,应当先行治疗,然后进行职业病的诊断和鉴定。如果职工按照《职业病防治法》规定被诊断、鉴定为职业病,必须向劳动保障行政部门提出工伤认定申请,由劳动保障行政部门做出工伤认定。如果职工经治疗伤情相对稳定后存在残疾、影响劳动能力的,还应当进行劳动能力鉴定。最后职工才可按照《工伤保险条例》规定的标准享受工伤保险待遇。

以上程序是职工患职业病后享受工伤待遇所必需的,是切实保障职工合法权益的基础。但在实际生活中,一些用人单位和职工由于不懂工伤法律或者怕麻烦、图省事,在职工患病后就直接约定进行一次性工伤补助,这种做法是不可取的。当然,如果工伤职工愿意,待治愈或病情稳定做出工伤伤残等级鉴定后,可参照有关工伤的规定依法与企业达成一次性领取工伤待遇的相关协议。

(8)治疗职业病的有关费用支付。

首先应当明确的是,检查、治疗、诊断职业病的,劳动者本人不承担相关费用。这些费用依照规定,应当由用人单位负担或者从工伤保险基金中支付。

①职业健康检查费用由用人单位承担。

②救治急性职业病危害的劳动者,或者进行健康检查和医学观察,所需费用由用人单位承担。

③职业病诊断鉴定费用由用人单位承担。

④因职业病进行劳动能力鉴定的,鉴定费从工伤保险基金中支付。

⑤因职业病需要治疗的,相关费用按照工伤的规定处理。

还需要说明的是,不管是职业病还是其他原因发生的工伤,都必须进行彻底的治疗,相关的费用不管花了多少,都应当依法予以报销,即"工伤索赔上不封顶"。

(9)劳动者在职业病防治中须承担的义务。

①认真接受用人单位的职业卫生培训,努力学习和掌握必要的职业卫生知识。

②遵守职业卫生法规、制度、操作规程。

③正确使用与维护职业危害防护设备及个人防护用品。

④及时报告事故隐患。

⑤积极配合上岗前、在岗期间和离岗时的职业健康检查。

⑥如实提供职业病诊断、鉴定所需的有关资料等。

重点:熟知职业安全卫生警示标志,禁止不安全的操作行为,正确使用个人防护用品。

(10)建筑企业常见职业病及预防控制措施。

①接触各种粉尘引起的尘肺病预防控制措施。

作业场所防护措施:加强水泥等易扬尘的材料的存放处、使用处的扬尘防护,任何人不得随意拆除,在易扬尘部位设置警示标志。

个人防护措施:落实相关岗位的持证上岗,给施工作业人员提供扬尘防护口罩,杜绝施工操作人员的超时工作。

②电焊工尘肺、眼病的预防控制措施。

作业场所防护措施:为电焊工提供通风良好的操作空间。

个人防护措施:电焊工必须持证上岗,作业时佩戴有害气体防护口罩、眼睛防护罩,杜绝违章作业,采取轮流作业,杜绝施工操作人员的超时工作。

③直接操作振动机械引起的手臂振动病的预防控制措施。

作业场所防护措施:在作业区设置预防职业病警示标志。

个人防护措施:机械操作工要持证上岗,提供振动机械防护手套,延长换班休息时间,杜绝作业人员的超时工作。

④油漆工、粉刷工接触有机材料散发不良气体引起的中毒预防控制措施。

作业场所防护措施:加强作业区的通风排气措施。

个人防护措施:相关工种持证上岗,给作业人员提供防护口罩,轮流作业,杜绝作业人员的超时工作。

⑤接触噪声引起的职业性耳聋的预防控制措施。

作业场所防护措施:在作业区设置防职业病警示标志,对噪声大的机械加强日常保养和维护,减少噪声污染。

个人防护措施:为施工操作人员提供劳动防护耳塞轮流作业,杜绝施工操作人员的超时工作。

⑥长期超时、超强度地工作,精神长期过度紧张所造成相应职业病的预防控制措施。

作业场所防护措施:提高机械化施工程度,减小工人劳动强度,为职工提供良好的生活、休息、娱乐场所,加强施工现场文明施工。

个人防护措施:不盲目抢工期,即使抢工期也必须安排充足的人员能够按时换班作业,采取 8h 作业换班制度,及时发放工人工资,稳定工人情绪。

⑦高温中暑的预防控制措施。

作业场所防护措施:在高温期间,为职工备足饮用水或绿豆汤、防中暑药品、器材。

个人防护措施:减少工人工作时间,尤其是延长中午休息时间。

提示:工作场所自觉做好个人安全防护。

四、工地施工现场急救知识

施工现场急救基本常识主要包括应急救援基本常识、触电急救知识、创伤救护知识、火灾急救知识、中毒及中暑急救知识以及传染病急救措施等，了解并掌握这些现场急救基本常识，是做好安全工作的一项重要内容。

1. 应急救援基本常识

（1）施工企业应建立企业级重大事故应急救援体系，以及重大事故救援预案。

（2）施工项目应建立项目重大事故应急救援体系，以及重大事故救援预案；在实行施工总承包时，应以总承包单位事故预案为主，各分包队伍也应有各自的事故救援预案。

（3）重大事故的应急救援人员应经过专门的培训，事故的应急救援必须有组织、有计划地进行；严禁在未清楚事故情况下，盲目救援，以免造成更大的伤害。

（4）事故应急救援的基本任务：

①立即组织营救受害人员，组织撤离或者采取其他措施保护危害区域内的其他人员。

②迅速控制事态，并对事故造成的危害进行检测、监测，测定事故的危害区域、危害性质及危害程度。

③消除危害后果，做好现场恢复。

④查清事故原因，评估危害程度。

2. 触电急救知识

触电者的生命能否获救，在绝大多数情况下取决于能否迅速脱离电源和正确地实行人工呼吸和心脏按摩。拖延时间、动作迟缓或救护不当,都可能造成人员伤亡。

(1)脱离电源的方法。

①发生触电事故时,附近有电源开关和电流插销的,可立即将电源开关断开或拔出插销;但普通开关(如拉线开关、单极按钮开关等)只能断一根线,有时不一定关断的是相线,所以不能认为是切断了电源。

②当有电的电线触及人体引起触电,不能采用其他方法脱离电源时,可用绝缘的物体(如干燥的木棒、竹竿、绝缘手套等)将电线移开,使人体脱离电源。

③必要时可用绝缘工具(如带绝缘柄的电工钳、木柄斧头等)切断电线,以切断电源。

④应防止人体脱离电源后造成的二次伤害,如高处坠落、摔伤等。

⑤对于高压触电,应立即通知有关部门停电。

⑥高压断电时,应戴上绝缘手套,穿上绝缘鞋,用相应电压等级的绝缘工具切断开关。

(2)紧急救护基本常识。

根据触电者的情况,进行简单的诊断,并分别处理:

①病人神志清醒,但感到乏力、头昏、心悸、出冷汗,甚至有恶心或呕吐症状。此类病人应使其就地安静休息,减轻心脏负担,加快恢复;情况严重时,应立即小心送往医院检查治疗。

②病人呼吸、心跳尚存在,但神志昏迷。此时,应将病人仰卧,周围空气要流通,并注意保暖;除了要严密观察外,还要做好人工呼吸和心脏挤压的准备工作。

③如经检查发现,病人处于"假死"状态,则应立即针对不同类型的"假死"进行对症处理:如果呼吸停止,应用口对口的人工呼吸法来维持气体交换;如心脏停止跳动,应用体外人工心脏挤

压法来维持血液循环。

a. 口对口人工呼吸法：病人仰卧、松开衣物──→清理病人口腔阻塞物──→病人鼻孔朝天、头后仰──→捏住病人鼻子贴嘴吹气──→放开嘴鼻换气，如此反复进行，每分钟吹气 12 次，即每 5s 吹气 1 次。

b. 体外心脏挤压法：病人仰卧硬板上──→抢救者用手掌对病人胸口凹膛──→掌根用力向下压──→慢慢向下──→突然放开，连续操作，每分钟进行 60 次，即每秒一次。

c. 有时病人心跳、呼吸停止，而急救者只有一人时，必须同时进行口对口人工呼吸和体外心脏挤压，此时，可先吹两次气，立即进行挤压 15 次，然后再吹两次气，再挤压，反复交替进行。

3. 创伤救护知识

创伤分为开放性创伤和闭合性创伤。开放性创伤是指皮肤或黏膜的破损，常见的有：擦伤、切割伤、撕裂伤、刺伤、撕脱、烧伤；闭合性创伤是指人体内部组织损伤，而皮肤黏膜没有破损，常见的有：挫伤、挤压伤。

（1）开放性创伤的处理。

①对伤口进行清洗消毒可用生理盐水和酒精棉球，将伤口和周围皮肤上沾染的泥沙、污物等清理干净，并用干净的纱布吸收水分及渗血，再用酒精等药物进行初步消毒。在没有消毒条件的情况下，可用清洁水冲洗伤口，最好用流动的自来水冲洗，然后用干净的布或敷料吸干伤口。

②止血。对于出血不止的伤口，能否做到及时有效地止血，对伤员的生命安危影响较大。在现场处理时，应根据出血类型和部位不同采用不同的止血方法：直接压迫──→将手掌通过敷

料直接加压在身体表面的开放性伤口的整个区域；抬高肢体——对于手、臂、腿部严重出血的开放性伤口都应抬高，使受伤肢体高于心脏水平线；压迫供血动脉——手臂和腿部伤口的严重出血，如果应用直接压迫和抬高肢体仍不能止血，就需要采用压迫点止血技术；包扎——使用绷带、毛巾、布块等材料压迫止血，保护伤口，减轻疼痛。

③烧伤的急救。应先去除烧伤源，将伤员尽快转移到空气流通的地方，用较干净的衣服把伤面包裹起来，防止再次污染；在现场，除了化学烧伤可用大量流动清水冲洗外，对创面一般不做处理，尽量不弄破水泡，保护表皮。

（2）闭合性创伤的处理。

①较轻的闭合性创伤，如局部挫伤、皮下出血，可在受伤部位进行冷敷，以防止组织继续肿胀，减少皮下出血。

②如发现人员从高处坠落或摔伤等意外时，要仔细检查其头部、颈部、胸部、腹部、四肢、背部和脊椎，看看是否有肿胀、青紫、局部压疼、骨摩擦声等其他内部损伤。假如出现上述情况，不能对患者随意搬动，需按照正确的搬运方法进行搬运；否则，可能造成患者神经、血管损伤并加重病情。

现场常用的搬运方法有：担架搬运法——用担架搬运时，要使伤员头部向后，以便后面抬担架的人可随时观察其变化；单人徒手搬运法——轻伤者可扶着走，重伤者可让其伏在急救者背上，双手绕颈交叉垂下，急救者用双手自伤员大腿下抱住伤员大腿。

③如怀疑有内伤，应尽早使伤员得到医疗处理；运送伤员时要采取卧位，小心搬运，注意保持呼吸道畅通，注意防止休克。

④运送过程中，如突然出现呼吸、心跳骤停时，应立即进行

人工呼吸和体外心脏挤压法等急救措施。

4. 火灾急救知识

一般地说,起火要有三个条件,即可燃物(木材、汽油等)、助燃物(氧气等)和点火源(明火、烟火、电焊花等)。扑灭初起火灾的一切措施,都是为了破坏已经产生的燃烧条件。

(1)火灾急救的基本要点。

施工现场应有经过训练的义务消防队,发生火灾时,应由义务消防队急救,其他人员应迅速撤离。

①及时报警,组织扑救。全体员工在任何时间、地点,一旦发现起火都要立即报警,并在确保安全前提下参与和组织群众扑灭火灾。

②集中力量,主要利用灭火器材,控制火势,集中灭火力量在火势蔓延的主要方向进行扑救,以控制火势蔓延。

③消灭飞火,组织人力监视火场周围的建筑物、露天物资堆放场所的未尽飞火,并及时扑灭。

④疏散物资,安排人力和设备,将受到火势威胁的物资转移到安全地带,阻止火势蔓延。

⑤积极抢救被困人员。人员集中的场所发生火灾,要有熟悉情况的人做向导,积极寻找和抢救被困的人员。

(2)火灾急救的基本方法。

①先控制,后消灭。对于不可能立即扑灭的火灾,要先控制火势,具备灭火条件时再展开全面进攻,一举消灭。

②救人重于救火。灭火的目的是为了打开救人通道,使被困的人员得到救援。

③先重点,后一般。重要物资和一般物资相比,先保护和抢救重要物资;火势蔓延猛烈方面和其他方面相比,控制火势蔓延

的方面是重点。

④正确使用灭火器材。水是最常用的灭火剂,取用方便,资源丰富,但要注意水不能用于扑救带电设备的火灾。各种灭火器的用途和使用方法如下:

酸碱灭火器:倒过来稍加摇动或打开开关,药剂喷出。适用于扑救油类火灾。

泡沫灭火器:把灭火器筒身倒过来,打开保险销,把喷管口对准火源,拉出拉环,即可喷出。适合于扑救木材、棉花、纸张等火灾,不能扑救电气、油类火灾。

二氧化碳灭火器:一手拿好喇叭筒对准火源,另一手打开开关既可。适合于扑救贵重仪器和设备,不能扑救金属钾、钠、镁、铝等物质的火灾。

干粉灭火器:打开保险销,把喷管口对准火源,拉出拉环,即可喷出。适用于扑救石油产品、油漆、有机溶剂和电气设备等火灾。

⑤人员撤离火场途中被浓烟围困时,应采取低姿势行走或匍匐穿过浓烟,有条件时可用湿毛巾等捂住嘴鼻,以便顺利撤出烟雾区;如无法进行逃生,可向建筑物外伸出衣物或抛出小物件,发出求救信号引起注意。

⑥进行物资疏散时应将参加疏散的员工编成组,指定负责人首先疏散通道,其次疏散物资,疏散的物资应堆放在上风向的安全地带,不得堵塞通道,并要派人看护。

5. 中毒及中暑急救知识

施工现场发生的中毒主要有食物中毒、燃气中毒及毒气中毒;中暑是指人员因处于高温高热的环境而引起的疾病。

(1)食物中毒的救护。

①发现饭后有多人呕吐、腹泻等不正常症状时,尽量让病人大量饮水,刺激喉部使其呕吐。

②立即将病人送往就近医院或打120急救电话。

③及时报告工地负责人和当地卫生防疫部门,并保留剩余食品以备检验。

(2)燃气中毒的救护。

①发现有人煤气中毒时,要迅速打开门窗,使空气流通。

②将中毒者转移到室外实行现场急救。

③立即拨打120急救电话或将中毒者送往就近医院。

④及时报告有关负责人。

(3)毒气中毒的救护。

①在井(地)下施工中有人发生毒气中毒时,井(地)上人员绝对不要盲目下去救助;必须先向出事点送风,救助人员装备齐全安全保护用具,才能下去救人。

②立即报告工地负责人及有关部门,现场不具备抢救条件时,应及时拨打110或120电话求救。

(4)中暑的救护。

①迅速转移。将中暑者迅速转移至阴凉通风的地方,解开衣服,脱掉鞋子,让其平卧,头部不要垫高。

②降温。用凉水或50%酒精擦其全身,直到皮肤发红、血管扩张以促进散热。

③补充水分和无机盐类。能饮水的患者应鼓励其喝足量盐开水或其他饮料,不能饮水者,应予静脉补液。

④及时处理呼吸、循环衰竭。呼吸衰竭时,可注射尼可刹明或山梗茶碱;循环衰竭时,可注射鲁明那钠等镇静药。

⑤医疗条件不完善时,应对患者严密观察,精心护理,送往附近医院进行抢救。

6. 传染病急救措施

由于施工现场的人员较多,如果控制不当,容易造成集体感染传染病。因此需要采取正确的措施加以处理,防止大面积人员感染传染病。

(1)如发现员工有集体发烧、咳嗽等不良症状,应立即报告现场负责人和有关主管部门,对患者进行隔离加以控制,同时启动应急救援方案。

(2)立即把患者送往医院进行诊治,陪同人员必须做好防护隔离措施。

(3)对可能出现病因的场所进行隔离、消毒,严格控制疾病的再次传播。

(4)加强现场员工的教育和管理,落实各级责任制,严格履行员工进出现场登记手续,做好病情的监测工作。

参 考 文 献

[1] 中华人民共和国住房和城乡建设部. 建筑机械使用安全技术规程(JGJ 33—2012)[S]. 北京:中国建筑工业出版社,2012.

[2] 建设部干部学院. 中小型建筑机械操作工. [M]. 武汉:华中科技大学出版社,2009.

[3] 潘全祥. 机械员[M]. 北京:中国建筑工业出版社,2005.

[4] 中华人民共和国住房和城乡建设部. 施工现场机械设备检查技术规程(JGJ 160—2008)[S]. 北京:中国建筑工业出版社,2008.

[5] 建设部人事教育司. 中小型建筑机械操作工[M]. 北京:中国建筑工业出版社,2007.

[6] 中华人民共和国住房和城乡建设部. 建筑施工安全技术统一规范(GB 50870—2013)[S]. 北京:中国建筑工业出版社,2014.

[7] 韩实彬、双全. 机械员[M]. 北京:机械工业出版社,2007.